美国文化类国家公园管理制度研究

吴丽云　牛楚仪 ◎ 编著

中国旅游出版社

目 录

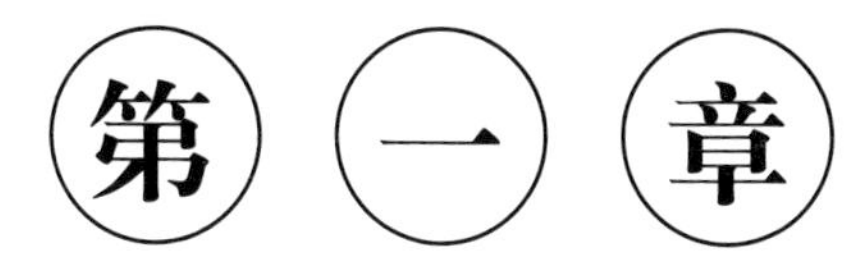

美国国家公园管理体制

第一节 美国国家公园管理机构

一、美国国家公园管理局设立及演化

1916年，美国威尔逊总统签署了《国家公园管理局组织法》(National Park Service Organic Act)，提出在其内政部下创立一个组织——国家公园管理局(National Park Service，NPS)，对联邦所拥有的国家公园、古迹、保留地中的风景、自然、历史以及野生动物进行保护，在供人们享受的同时使它们不受损害，并将其留给后代。《国家公园管理局组织法》的出台为美国国家公园管理机构和管理体制的建立奠定了基础。在国家公园管理局设立之前，美国已经建立了14个国家公园、21个国家保护地和两个国家保护区，这些区域在以往由国会立法通过，并没有统一的管理机构。《国家公园管理局组织法》颁布后，上述区域交由国家公园管理局进行统一管理。1917年，美国国会第一次拨款533466美元给国家公园管理局作为年度预算，标志着美国国家公园体制正式运行。

1933年，国会授权美国总统对其行政部门改组，罗斯福总统按照国会授权签署了两项法案，规定将国家公园管理局的职责扩大，将20多个历史战场、历史遗迹和军事公园划归国家公园管理局管理。自此，美国国家公园不仅是自然风景和遗产的保护地，历史保护也成为国家公园管理局的一项主要任务。1935年，美国国会通过了《历史遗迹法》(Historic Sites Act)，明确将国家文化遗产资源统一交由国家公园管理局管理，这一法律的出台进一步扩展了国家公园管理局的管理范围，将国家公园由保护自然资源和遗产，扩展到保护自然、文化资源和遗产，从法律上明确了文化类国家公园的建设，开启了国家公园保护文化遗产的先河。

1970年，美国国会修订了《国家公园管理局组织法》，将能够体现美国精神和国家认同的自然类、历史类与娱乐休闲类区域全部纳入国家公园体系，由国家公园管理局进行管理，美国国家公园体系不断完善。

随着美国国家公园建设的深入，美国国家公园管理局的管辖范围与职能进一步扩大，已经不仅限于1916年法案所规定的以自然为主体的内容，而是扩展到自然、历史和娱乐休闲等多个类别。与此同时，国家公园数量不断攀升，截至2023年2月，美国已经设立了424个国家公园、171个相关区域。

二、美国国家公园管理局机构设置及功能

美国国家公园管理局隶属于其内政部，局长由总统提名并经美国参议院批准。国家公园管理局下设政策办公室、美国原住民事务办公室、平等就业机会办公室等。国家公园管理局下设三位副局长，分别负责国会与对外关系部、管理与行政部和运营部（见图1-1）。

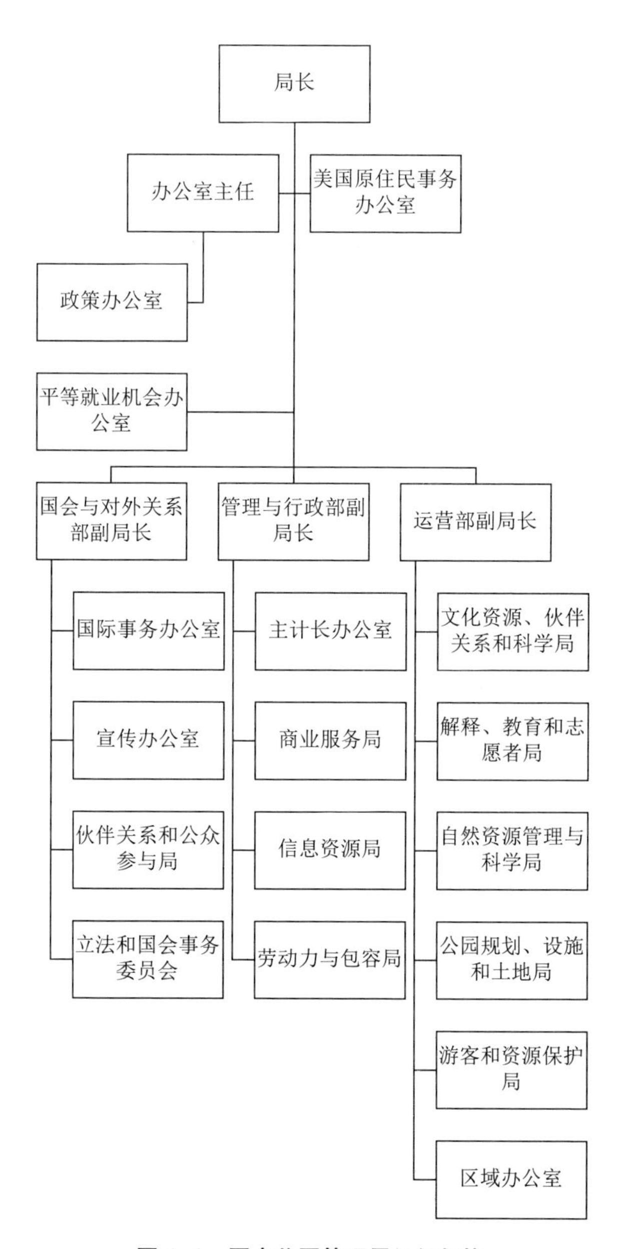

图 1-1　国家公园管理局组织架构

（一）局长办公室

政策办公室（Office of Policy）是负责推动国家公园体系相关政策制定流程的部门，该办公室也为国家公园管理局在建设和管理国家公园体系中所使用的外部专家和合作团体伙伴提供行政支持和专业知识。政策办公室下设两个委员会：咨询委员会（Advisory Committees）和运营委员会（Operating Committees）。咨询委员会通常包含外部专家与合作团体的代表，这些成员为国家公园管理局的项目提供改善建议；运营委员会是由法律所确立，负责为国家公园管理局制订项目计划并实施项目。

美国原住民事务办公室（The Office of Native American Affairs，ONAA）主要处理国家公园管理局与原住民部落之间的关系。该办公室由美国原住民事务联络员领导，为国家公园管理局的工作人员提供培训、咨询指导与技术支持，帮助原住民部落与国家公园管理局建立良好的合作关系。

平等就业机会办公室（Office of Equal Opportunity Program）下设四个项目，分别为平等就业、多样性和包容项目，投诉处理与解决项目，少数民族大学项目，公共民权项目。主要负责促进国家公园内部的平等就业，并解决投诉相关的问题。

高级科学顾问是由来自不同科学领域的学者与专家组成的组织，涉及领域十分广泛，包括生物、地理、海洋、考古等，为国家公园管理局保护与管理国家公园体系中的自然和文化资源提供科学与专业的建议，设立于局长办公室下。

（二）国会与对外关系部

国会与对外关系部（Congressional & External Relations）副局长领导四个主要部门，分别是国际事务办公室、宣传办公室、伙伴关系和公众参与局、立法和国会事务委员会。对外关系相关事务主要包括国际事务、对外宣传、合作伙伴以及公众参与；与国会相关的事务则是在立法方面。

对外关系方面，国家事务办公室（Office of International Affairs）致力于促进美国国家公园管理局与全球相关机构之间的合作，分享国家公园管理局在管理国家公园工作中的相关知识，并与国际社会接触。主要事务有管理国际志愿者、推动姊妹公园计划、国际技术援助等。宣传办公室（Office of Communications）主要负责协调全国范围内的宣传工作，致力于使国家公园传统受众与新受众之间产生联结，以争取他们对公园和社区项目的支持，让所有年龄段的人都参与进国家公园管理局的工作当中。伙伴关系和公众参与局（Partnerships and Civic Engagement Directorate）负责维系州、地方政府、特许经营商以及慈善团体之间的关系，并且推动国家公园体系管理中的公众参与工作。立法和国会事务委员会（Office of Legislative and Congressional Affairs）负责制定和实施战略，推动国家公园管理局的立法倡议。在立法过程中，国家公园管理局立法和国会事务委员会会选择国家公园管理局的工作人员、其他机构相关人员、科学家等参与拟议立法的听证会，或是参与关于国家公园管理局特定项目领域的监督听证会，并在听证会上提出立法倡议。

（三）管理与行政部

管理与行政部（Management & Administration）副局长领导并管理四个部门，分别为主计长办公室、商业服务局、信息资源局和劳动力与包容局，主要处理国家公园管理局的财务、商业服务、信息技术资源与人力资源相关事务。

主计长办公室（Office of the Comptroller）负责国家公园管理局的会计、审计以及统筹预算等工作。主计长是联邦政府公职，主要负责监督和审计各个部门的财政运转和预算运转情况。

商业服务局（Business Services Directorate）负责管理国家公园体系中的商业服务项目、承包项目、财政援助以及休闲经费项目。

信息资源局（Information Resources Directorate）负责统筹国家公园管理局的信息技术资源，下设四个部门以保障信息技术的安全，并提供信息服务与技术。

劳动力与包容局（Workforce and Inclusion Directorate）负责国家公园管理局的人力资源工作，并倡导一种全新的组织文化，下设四个部门。其中，学习与发展部为国家公园管理局的内部工作人员提供培训以及远程学习机会，关注

员工的管理能力发展；相关性、多样性和包容性办公室致力于倡导一种具有包容性和参与性的企业文化，重视每个员工的想法以帮助国家公园管理局通过新的角度解决未来出现的问题；除此之外，该局还设有人力资源办公室和青年项目部。

（四）运营部

运营部（Operations）是三个副局长领导的部门中下设分局最多的部门，主要负责国家公园单位的运营工作，工作涉及范围十分广泛，从历史文化类资源的保护到解释工作的开展，从自然资源的保护到公园设施的建设，都属于该部门的管辖范围。该部门下设了文化资源、伙伴关系和科学局，解释、教育和志愿者局，自然资源管理与科学局，公园规划、设施和土地局，游客和资源保护局，以及 7 个区域办公室，全方位保障国家公园体系的运营。

三、美国文化类国家公园体系

截至 2023 年 2 月，美国共设立了 20 个大类共计 424 个国家公园，面积超过3440万公顷，跨越50个州、哥伦比亚特区以及美国的其他领土。除此之外，还有 171 个区域由于保留了国家自然和文化遗产的重要部分，由国会法案或内政部长指定设立为相关区域，同样以 7 个大类被归入美国国家公园体系，由国家公园管理局进行直接或间接管理。

美国现有的 20 类国家公园中，包括 9 类文化类国家公园，涉及国家战场遗址、国家战场公园、国家战争遗址、国家军事公园、国家历史公园、国家历史遗址、国际历史遗址、国家纪念地、国家纪念碑等 278 处国家公园（见表 1-1）。现有的 7 类相关区域中，有 6 类涉及文化类遗产，包括附属区域、授权区域、联合管理区域、纪念活动地、国家遗产区、国家步道系统等，共 123 处相关区域。在国家公园相关区域中，有 4 类为文化类遗产相关区域，有两类兼有自然资源和文化类遗产，如附属区域共有 27 处，其中 24 处为文化类遗产区域；国家步道系统共有 30 处，其中历史步道为 19 处，风景步道 11 处，均为线性遗产。

表 1-1　美国文化类国家公园及相关区域

类别	名称	公园数量（处）
国家公园	国家战场遗址（National Battlefields）	11
	国家战场公园（National Battlefield park）	4
	国家战争遗址（National Battlefield Sites）	1
	国家军事公园（National Military Parks）	9
	国家历史公园（National Historical Parks）	63
	国家历史遗址（National Historic Sites）	74
	国际历史遗址（International Historic Sites）	1
	国家纪念地（National Memorials）	31
	国家纪念碑（National Monuments）	84
相关区域	附属区域（Affiliated Areas）	24
	授权区域（Authorized Areas）	7
	联合管理区域（Co-Managed Areas）	1
	纪念活动地（Commemorative Sites）	3
	国家遗产区域（National Heritage Areas）	55
	国家步道系统（National Trails System）（历史步道）	19

第二节　美国文化类国家公园的资金制度

一、美国国家公园的资金制度

（一）美国国家公园的资金总量与来源

从资金总量来看，2008—2017 年的 10 年间，美国国家公园的年资金总额从 28.72 亿美元增加至 35.51 亿美元，以年均 2.36% 的速度稳定增长（见图

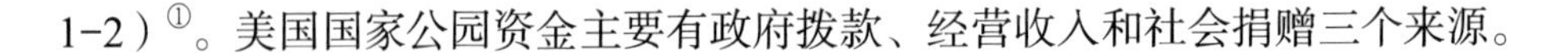
1-2）①。美国国家公园资金主要有政府拨款、经营收入和社会捐赠三个来源。

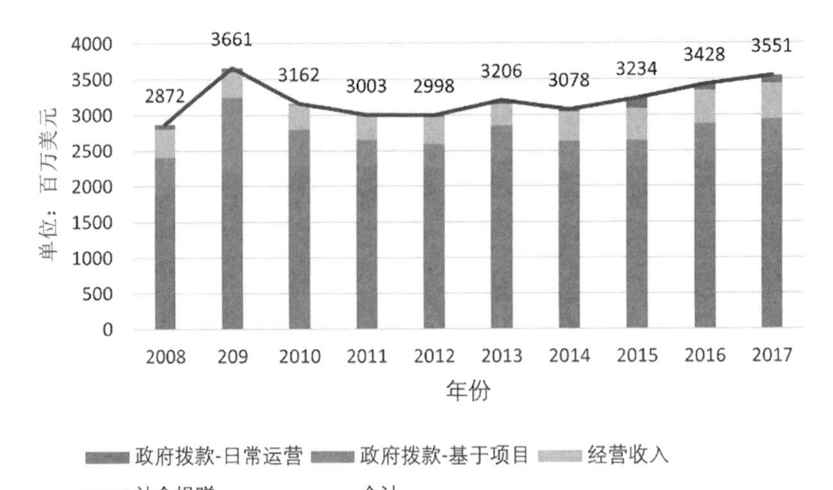

图 1-2　美国国家公园资金总量及资金来源②

政府拨款是国家公园的主要资金来源，约占 70%，联邦政府以立法形式保证美国国家公园在联邦经常性财政支出中的地位。政府拨款包括维持国家公园体系日常运行的一般预算拨款和基于项目的专项拨款。10 年间，政府拨款金额在 24.98 亿至 29.604 亿美元之间波动，资金总额变化趋势与政府拨款比例变化趋势一致。2017 年，美国政府向国家公园体系投入 29.6 亿美元，占资金总额的 83%，其中日常运营费用占 68%，基于项目的投资占 15%。

经营收入主要由游憩费（公园门票、通票、交通系统基金等）和商业服务收费构成，在美国国家公园的三个资金来源中，经营收入的总体占比不大，但发挥着重要的作用。美国国家公园商业服务项目主要有特许经营、租赁协议（建筑设施等）、授权商业开发（摄像摄影等）3 种经营形式。2008—2017 年，美国国家公园经营收入由 3.16 亿美元增长至 5.27 亿美元，占国家公园资金总额的比例在 10% 以上。2017 年，经营性收入占 15%，该收入中游憩费与特许

① 吴健，王菲菲，余丹，胡蕾.美国国家公园特许经营制度对我国的启示［J］.环境保护，2018，46（24）：69-73.

② 吴健，王菲菲，余丹，胡蕾.美国国家公园特许经营制度对我国的启示［J］.环境保护，2018，46（24）：69-73.

经营费两项收入共占 78.04%，其中游憩费占 54.55%，特许经营费 23.49%。游憩费和特许经营费两项收入在 2008—2017 年增长显著，游憩费年均增长率为 6.12%，特许经营费年均增长率为 10.42%，显示特许经营模式运行良好，是社会资本参与国家公园的主要渠道。美国国家公园体系的门票收入不以筹集运营资金为主要目的，而是作为提高公众环保意识和调控园区内人数的管理手段。

社会捐赠主要来自社会公众。美国民众对遗产资源认同度高，社会捐赠在国家公园财政体系中的比例不断提高，丰富了国家公园资金渠道①。但社会捐赠收入具有一定的不确定性，其占比约为国家公园资金的 2%，与前两类资金相比，仍有很大差距。

（二）美国国家公园资金机制特点及启示

美国国家公园的资金来源以政府拨款为主，经费渠道多元化。在 2019 财年的预算草案中，政府拨款约占国家公园管理局资金的 75%。国家公园管理局的主要经费渠道还包括由私人捐赠建立的信托基金、休闲娱乐费收入、特许经营费、转移支付（包括美国农业部、交通部、内政部司局接收的转移支付）、法案专项资金等。

特许经营和伙伴关系机制成熟。目前，国家公园管理局在超过 100 处管辖地拥有 500 余份特许经营合同，经营范围主要是为游客提供食物、交通、住宿、购物以及其他服务。特许经营者雇用约 2.5 万人，累计收入为每年 10 亿美元，其中上缴政府 8000 万美元。另外，国家公园管理局与超过 150 个非营利组织建立了伙伴关系，这些组织贡献了时间和专业知识，同时每年为国家公园提供超过 5000 万美元的资金。国家公园基金会是国家公园管理局重要的非营利性伙伴之一，帮助筹集私人捐款。国家公园管理局还有超过 70 个合作社在公园内出售相关纪念品等，每年为国家公园管理局提供 7500 万美元资金。

设立专项资金，专款专用。严格限制捐赠、休闲娱乐费、特许经营费等专项资金的用途，根据收费条件确定其用途，不能随意使用。根据国家公园管理

① 张海霞，汪宇明. 旅游发展价值取向与制度变革：美国国家公园体系的启示［J］. 长江流域资源与环境，2009，18（08）：738-744.

局的政策要求，公园休闲娱乐收入低于50万美元时，可全额保留，高于50万美元时则保留80%，其余20%存入国家公园管理局中心账户，用于定向支持改善游客服务体验的相关项目；捐款必须按照捐款人的指定用途使用；特许经营费必须用于改善特许经营服务等。

依法设置，依法收支。预算草案编制以及具体费用列支均遵循美国和国家公园管理局的基本法律，如《联邦预算法》《国家公园管理局组织法》等，同时相应科目设置遵循《国家历史保护法》《国家环境政策法》《联邦土地休闲娱乐法》《国家公园百年服务法》《墨西哥湾能源安全法》等法律法规。预算要保证国家公园系统的顺利运营。国家公园的运营经费高达22亿美元，占联邦政府拨款的90%以上，运营涉及资源管理、游客服务、设施维修和保护、公园支持服务等，是整个预算法案的核心组成部分。预算科目设置细致清晰。预算草案全文约420页，详细列出了预算科目、种类、依据、用途、与上一财年相比的变化等，同时包括一些资金在上一财年的支出效果等，对下一财年的每一笔预算款项做了非常详细的解释。法案及时公开，接受社会监督，充分保证了纳税人的权益，体现了“取之于民、用之于民”的精神[①]。

二、国家历史保护基金

历史保护基金（Historic Preservation Fund，HPF）成立于1976年，是向50个州、哥伦比亚特区、美国领地以及200多个部落、2000多个地方政府和数百个非营利组织提供保护援助赠款的资金来源。历史保护基金的授权金额为每年1.5亿美元，资金来自外大陆架石油和天然气的租赁收入，由州、部落、地方、计划与赠款部门管理，并通过竞争性的项目申请流程拨付给不同的州、部落和地方等。通过这种方式，历史保护基金利用不可再生资源的收入来保护其他不可替代的资源。

历史保护基金于1977年首次资助，旨在帮助政府和组织记录、修复和保护财产、景观、传统文化习俗和考古遗址。该基金还支持规划活动、教育、培

① 张利明. 美国国家公园资金保障机制概述——以2019财年预算草案为例［J］. 林业经济，2018，40（07）：71-75.

训和技术援助活动。在过去的40多年里，赠款已向联邦拨款超12亿美元，用于所有50个州、领土、自由联系州、哥伦比亚特区以及签署州和部落历史保护办公室伙伴关系协议的200多个部落的保护项目。

（一）历史保护基金的起源

1965年，美国总统林登·约翰逊召集了历史保护特别委员会会议，委员会向国会提交了报告，提出美国遗产丰富，但损坏严重，提出要建立国家历史保护计划。1966年，美国国会通过了《国家历史保护法》，明确了国家史迹名录，要求每个符合该法案要求的州都要设州历史保护办公室（State Historic Preservation Office，SHPO），以及州保护官员，称为"国家联络官"，后来改为"国家历史保护官员"。《国家历史保护法》创建了历史保护基金，为上述办公室所管理的保护项目提供支持。目前，历史保护基金每年由国会拨款，以支持全国的历史保护和基于遗产的地区经济发展。历史保护基金由国家公园管理局代表内政部长进行管理，资金来自外大陆架石油租赁收入，利用不可再生资源的收入来造福文化资源。

（二）历史保护基金运作机制

国家公园管理局代表内政部长管理历史保护基金，并使用大部分拨款向州历史保护办公室和部落历史保护办公室（Tribal Historic Preservation Office，THPO）提供赠款，以协助他们保护历史资源。州长负责任命州历史保护官员，由历史保护官员管理年度拨款，以履行《国家历史保护法》要求的联邦保护职责。

历史保护活动的主体包括联邦机构、通过赠款和合同的形式授权的公共和私人机构、非营利组织、教育机构和个人。历史保护基金对州和部落历史保护办公室的赠款帮助其在管辖土地上承担其责任并开展保护活动，同时该基金也规定了州和部落可以使用资金资助相关历史保护项目，涉及调查和清单、国家登记册提名、保护教育、建筑规划、历史结构报告、社区保护计划以及建筑物的维修等。

历史保护基金允许每个州根据其需求灵活地制订计划，但每个州历史保护办公室拨款的 10% 必须分配给经过认证的地方政府，这些由国家公园管理局认证的地方政府向联邦政府做出历史保护承诺。同时，所有历史保护基金援助的项目必须遵循内政部长给出的相关标准。

（三）历史保护基金补助金类型

1. 竞争性补助金

竞争性补助金（Competitive Grants）为州、部落、地方政府、教育机构和非营利组织提供财政援助，以支持历史保护项目。

（1）非裔美国人民权补助金

非裔美国人民权补助金（African American Civil Rights，AACR）由历史保护基金资助，并由国家公园管理局管理。这项竞争性补助金向州、部落、地方政府和非营利组织提供赠款，不需要以上主体提供非联邦配套资金，但将优先考虑提供非联邦配套资金和承诺伙伴关系协作的申请。赠款将资助历史遗址的规划、开发和研究项目，包括：调查、清单制作、解释、教育、建筑服务、历史结构报告、保护计划和修复等。

该补助金计划分为两类，实体保护项目和历史项目。实体保护项目补助金用于修复历史遗产；历史项目补助金用于解释工作，如展览设计与历史研究。

（2）拯救美国的宝藏补助金

拯救美国的宝藏补助金（Save America's Treasures Grants，SAT）成立于 1998 年，旨在庆祝美国在新千年中的重要文化资源。经过多年发展，该赠款计划已向美国各地的项目提供了 1300 多笔赠款，总额超过 3 亿美元。资助项目从 4000 多份申请中选出，申请总额为 15 亿美元，所选出的资助项目都代表了具有国家意义的历史遗产和收藏品，目的是将美国的丰富遗产留给后代。国家公园管理局与国家艺术基金会、国家人文基金会、博物馆、图书馆合作管理该补助金。

该补助金分为两部分：一部分是用于保护项目，主要用于列入国家史迹名录的具备国家意义或指定为国家历史地标的财产，这部分赠款由国家公园管理局管理；另一部分是用于收藏类项目，包括文物、博物馆收藏、文件、雕塑和其他艺术品，这部分赠款由博物馆、图书馆管理。

（3）保罗·布鲁恩历史振兴补助金计划

保罗·布鲁恩历史振兴补助金计划（Paul Bruhn Historic Revitalization Grants Program，PURAL）以佛蒙特州已故的保护领袖命名，通过修复社区的历史建筑来促进农村社区的经济发展。该计划为主要受赠人提供一笔主赠款，该赠款可以以更小的额度授予个人次级赠款。

主要受赠人设计和管理次级赠款计划，以支持他们所选择的服务领域的经济发展目标和需求。该计划的目的是提供资金，在获得主赠款后，可以重新赠予其他选定项目。赠款可以局限于一个城镇，也可以提供给某个县的农村社区，或者整个地区或整个州。主要受赠人决定哪种类型的建筑和社区资源将有资格获得转赠款，例如，资金是否只限于特定的资源类型（如剧院、社区中心、企业），还是符合条件的社区中的任何建筑都可以获得转赠款。

主要受赠人必须确定他们希望管理的次级赠款计划的重点和标准，并在申请中描述这一计划。如果申请成功，受赠者将制订自己的申请程序和项目选择标准，以选择哪些建筑物将获得次级赠款。主受赠人不能将赠款用于自己的房产，也不能为个别建筑或预选项目提交申请。

（4）平等权利历史补助金

平等权利历史补助金（History of Equal Rights，HER）由历史保护基金资助，致力于保护美国实现平等权利斗争的相关遗址。平等权利的历史赠款不限于任何特定群体，旨在对以争取平等权利为主题的相关资源进行尽可能广泛的解释。该计划为列入或确定符合国家历史遗迹名录或国家历史地标资格的遗址的物理保护工作和保护前规划活动提供资金。

（5）半百周年纪念补助金

国会于 2020 年创建了半百周年纪念补助金（Semiquincentennial Grants，SEMIQUN），旨在通过恢复和保护国家史迹名录中列出的国有遗址和建筑来纪念美国建国 250 周年。

在该补助金计划中，“建国”定义为截至 1800 年 12 月 31 日。这个结束日期对应于 1800 年的选举，在约翰·亚当斯和托马斯·杰斐逊之间的竞争性选举之后，权力的和平转移一定程度上代表了民主，并使该时期成为美国历史上的关键时刻，但美国国家的建立并没有一个确定的起始期。

该计划支持的历史资源包括与政治思想、知名人士、关键事件或通常被认为与美国这段历史相关的冲突地点。考古遗址、文化景观和建筑资源都可以成功地说明“民族性”和“美国”的概念。这些资源可以反映人们的思想、行为和生活，从而解释美国国家形成过程中文化和社会的生活方式、民俗、饮食方式、人、地点、事件和状况。

虽然该计划支持的资源必须是国有，但符合条件的申请主体可能包括地方政府、非营利组织、公共和非营利高等教育机构，以及通过租赁、运营协议或筹款关系与州政府合作的部落。

（6）历史黑人学院与大学赠款

历史黑人学院与大学（Historically Black Colleges & Universities，HBCU）赠款的建立是为了识别和恢复历史上黑人学院和大学校园的历史建筑，这些校园被认为是最具历史意义和受到实际威胁的历史建筑。

自 1837 年以来，历史黑人学院和大学计划一直致力于满足非裔美国人社区的高等教育需求。第一批历史黑人学院与大学在宾夕法尼亚州、俄亥俄州、密苏里州和田纳西州成立。内战结束后，历史黑人学院与大学机构涌入整个东南部，中西部和西南部。自 20 世纪 90 年代以来，国家公园管理局已向 80 多个活跃历史黑人学院与大学提供了 6000 多万美元的赠款。这些赠款致力于保护历史黑人学院与大学校园的历史建筑，其中许多被列入国家史迹名录。

（7）代表性不足社区补助金

自 2014 年以来，国家公园管理局通过发放赠款，促进国家史迹名录的提名多样化。代表性不足社区补助金（Underrepresented Community Grants，URC）支持的项目包括调查和清点与国家登记册中代表性不足的社区有关的历史财产，以及为特定地点和地区制定国家史迹名录的提名。该补助金由历史保护基金提供，通过竞争性程序授予，不需要非联邦配套资金。符合条件的申请人仅限于州历史保护办公室、联邦认可的印第安部落、阿拉斯加原住民村庄或公司、夏威夷原住民组织和经过认证的地方政府等。

（8）部落遗产补助金

1966 年的《国家历史保护法》授权向联邦认可的印第安部落提供文化和

历史保护项目的赠款，被称为部落遗产补助金（Tribal Heritage，THG）。这些部落遗产赠款用来帮助印第安部落、阿拉斯加原住民村庄或公司、夏威夷原住民组织，促进其独特文化遗产和传统的保护。

从一开始，该计划就由印第安部落声援。它侧重于保护印第安人最关心的东西——口述史、印第安传统中重要的植物和动物物种、神圣的历史场所，以及建立部落历史保护办公室。

（9）灾难恢复补助金

灾难发生后，国会可以从历史保护基金中拨出额外资金——灾难恢复补助金（Disaster Recovery Grants，ESHPF），通过赠款帮助受灾难影响的社区。这笔资金被提供给州历史保护办公室和部落历史保护办公室，用于各种恢复类项目，包括调查和清点灾区的历史资源、恢复和修复在灾难期间受损的历史财产，以及其他经批准的灾难恢复活动。所有受资助的维修工作必须减轻灾害的威胁，并减轻未来损害。

除了满足历史财产所有者的需求外，紧急补充历史保护基金赠款计划（统称为灾难恢复补助金计划）旨在促进地方、州和社区之间的伙伴关系，以确保重要的文化资源保护工作与减灾规划工作相结合。随着气候变化，灾难恢复赠款计划为市政当局和其他政府机构提供财政支持，以保护美国的历史名胜。

2. 公式拨款

自 1970 年以来，州和部落历史保护办公室通过历史保护基金获得了配套赠款，以协助扩大和加速其历史保护活动。历史保护基金赠款每年根据分摊公式方法进行拨款，被称为公式拨款（Formula Grants）。

（1）州历史保护办公室拨款

国家公园管理局、州历史保护办公室以及地方政府为国家、州和地方各级的保护工作提供了联结。国家公园管理局通过《国家历史保护法》概述中的程序与州历史保护办公室就所有保护项目进行磋商，并由历史保护基金提供州历史保护办公室拨款（State Historic Preservation Office Grants）。历史保护基金赠款中包括最低 10% 的资金用以直接支持当地保护项目并提供保护培训和指导。

（2）部落历史保护办公室拨款

国家公园管理局部落保护计划通过指定部落历史保护办公室和年度赠款资

助计划来帮助印第安部落保护其历史财产和文化传统，该项拨款被称为部落历史保护办公室拨款（Tribal Historic Preservation Office Grants）。

历史保护基金每年向与国家公园管理局签署协议的部落提供拨款，该协议指定部落拥有经批准的部落历史保护办公室，以保护和保存重要的部落文化和历史资产和遗址。赠款资金帮助部落历史保护办公室根据《国家历史保护法》和其他相关法律执行其部落的历史保护计划和活动。

（四）2023 财年历史保护基金流向

国家公园管理局代表内政部长管理历史保护基金，每年向符合条件的受助人提供赠款，以保护历史资源。2023 财年国会向历史保护基金共拨款 2.04 亿美元，主要拨给了州历史保护办公室、部落历史保护办公室（部落保护和赠款）、非裔美国人民权补助金、平等权利历史补助金、历史上的黑人学院和大学补助金、保罗·布鲁恩历史振兴补助金、拯救美国的宝藏补助金、半百周年纪念补助金、代表性不足社区补助金，以及国会指导支出十个方面。

表 1-2　2023 财年拨款

州历史保护办公室	部落保护和赠款	非裔美国人民权	平等权利的历史	历史上的黑人学院和大学	保罗布鲁恩历史振兴	拯救美国的宝藏	半百周年纪念	代表性不足社区	国会指导支出
$62,150,000	$23,000,000	$24,000,000	$5,000,000	$11,000,000	$12,500,000	$26,500,000	$10,000,000	$1,250,000	$29,115,000

三、土地和水资源保护基金

（一）法律保障

1964 年，美国肯尼迪总统提出立法设立“土地和水资源保护基金（The Land and Water Conservation Fund，LWCF）”，以协助各州规划、开发娱乐资源，并为娱乐性土地提供资金支持。1964 年，美国国会通过了《公共法》（Public Law），成为设立该基金的基础法律文件，法案明确了该基金成为联邦政府收购公园、娱乐用地，以及向州和地方政府提供娱乐规划、收购和发展配套赠款的资金来源，确定了向各州和地方分配经费的拨款公式，未来该基金的拨款均按照拨款公式对外拨款，并且明确了在资金的分配时，需要最大限度地重视人口集中地区。土地和水资源保护基金来自海上石油和天然气租赁收益。土地和水资源保护基金方案分为“州”和“联邦”两类，前者向州和地方政府提供赠款，后者用于支持联邦土地管理机构的自然、文化、野生动植物和娱乐管理目标所需的土地、水域等。

土地和水保护基金在2019年3月的《丁格尔法案》(Dingell Act)中获得了永久重新授权，2020年8月，《伟大的美国户外法案》(Great American Outdoors Act)为该计划提供了全额和永久的资金。

（二）保护原则

土地和水资源保护基金的资源保护主要遵循以下几个原则：

资源再投资原则。存入基金的大部分资金收入来自海上石油租赁收入，基于将自然资源开发收益再用于自然资源保护。

各州领导原则。该计划还强调各州的领导作用，与国家和地方政府在规划、资助和提供全国娱乐机会方面建立全面伙伴关系。各州在促进资源保护与利用方面发挥了积极的领导作用，如致力于户外休闲区域规划，建立并扩建优美的河道系统，鼓励各地完善游憩资源规划与开发，发起休闲债券，为公园建设提供资金等。

永久性国家娱乐地原则。土地和水资源保护基金法案要求在土地和水资源保护基金援助下获得或开发的所有财产必须永久用于公共娱乐用途。以确保在当代乃至后代都可持续使用相关遗产。

（三）计划成就

土地和水资源保护基金赠款计划已向50个州、哥伦比亚特区、波多黎各、关岛、维尔京群岛、美属萨摩亚和北马里亚纳群岛拨款超过36亿美元，用于规划、获取和开发美国的户外娱乐机会。到2006财政年度为止，该计划已批准40000多个项目，以支持购买公园土地的开放空间或开发户外娱乐设施，这些土地几乎遍布美国的所有地区。

联邦赠款义务总额为36亿美元，与作为50%配套资金的州和地方捐款相匹配，土地和水资源保护基金赠款投资总额为72亿美元。各州已收到约8300笔赠款，县获得约5300笔赠款，市、镇和其他地方机构获得了约26000笔赠款。

到目前为止，约有10500个项目帮助州和地方获得了约105万公顷的公园用地，其中包括捐赠土地价值与开发成本相匹配的组合项目。近29000个项目用于开发户外娱乐设施，支付总资金的75%用于当地赞助的项目，以提供美国青年、成年人、老年人和身体或精神障碍者随时可以获得的近在咫尺的娱乐机会。除了数千个较小的休闲区外，赠款还帮助收购和开发具有全州或国家意义的新公园，如阿拉加什荒野水道、自由州立公园、威拉米特绿道、普拉特河公园、赫尔曼布朗公园和伊利诺伊海滩州立公园等。

（四）基金运作机制

1. 联邦土地收购——联邦方面

国家公园管理局以《国家公园管理局组织法》为指导，保护国家公园系统内的资源，同时规定公众使用并享受这些资源。许多公园范围涉及非联邦土地，需要获得土地所有权或进行土地交换，以获取非联邦土地。国家公园管理局与各州、地方政府、非营利性组织和财产所有者共同完成对非联邦土地的收购，并合作提供各种形式的保护。

目前，国家公园系统的总面积超过34万公顷，但有超过0.8万公顷的私有土地仍在公园边界内。在给定的公园边界内收购所有私有土地并非必需，也并不可行。然而，许多土地对于游客使用和资源保护具有重要性。因此土地和水资源保护基金的联邦部分资金被用于收购国家公园管理局为实现自然、文化、野生动植物和娱乐管理目标所需的土地、水域和权益。

2. 州和地方拨款——州方面

土地和水资源保护基金的州方面资金向州和地方政府提供赠款，用于收购和开发公共户外休闲区和设施。1965年至2014年，有超过16亿美元的资金被用于购买新的联邦娱乐用地。

在州方面，土地和水资源保护基金还资助了户外遗产伙伴关系计划（Outdoor Recreation Legacy Partnership Grants Program，ORLP）。该计划成立于 2014 年，是一项具有全国竞争力的计划，旨在提供赠款援助，以帮助经济上处于不利地位的城市社区，这些社区无法或几乎没有机会获得公共的、附近的户外娱乐活动机会。该项目获得的资金可用于收购或开发或大幅翻新过时的公园和其他户外娱乐空间，项目由国家管理局局长选择资助。

四、战场补助金

美国战场保护计划（American Battlefield Protection Program，ABPP）为促进美国战场相关的历史资源修缮以及遗产保护，提供了四类针对国家战场的资金补助项目，涉及战场土地购置补助金、战场解说补助金、战场恢复补助金和保护规划补助金。

（一）战场土地购置补助金

战场土地购置补助金（Battlefield Land Acquisition Grants，BLAG）使州和地方政府能够通过收购或通过保护契约购买土地权益来永久保护历史悠久的战场土地，主要保护独立战争、1812 年战争和内战战场土地。美国战场保护计划使用从土地和水资源保护基金中拨款的资金为战场土地购置提供补助金。

战场土地购置补助金通过滚动申请的方式进行，申请要求包括：州或地方政府具备申请资格；申请的土地面积需要占革命战争、1812 年战争，或内战战场土地的 50% 以上；除了补助金提供的联邦份额外，申请方还需要提供 50% 的非联邦配套资金。

在战场土地购置补助金的支持下，美国许多历史战场得到保护。目前，已经有 37 个州有符合战场土地购置补助金资格的战场土地，如奇卡索河口战场、牧羊人镇战场等，这些地区的周边自然环境也得到了较为完整的保护，一定程度上推动了文化与生态的共同发展。

（二）战场解说补助金

战场解说补助金（Battlefield Interpretation Grants，BIG）使用现代化手段

提升战场教育和解释效果，以激发公众在国家战场现场的好奇心、同理心和对国家战场的理解。战场解说补助金鼓励使用创新技术，通过视频、移动应用程序、增强现实技术等与访客建立联系。主要用于加强美国革命战争、1812 年战争和内战战场的现代化手段应用，并加强教育和解说服务。补助金来源于土地和水资源保护基金。

战场解说补助金于每年年初接受申请，申请项目需要经过竞争性绩效审查，于夏季公布通过名单。战场解说补助金推动了历史与技术相结合，使许多古战场得到了现代呈现，为历史战场开辟了数字门户。2022 年，谢南多厄河谷战场在战场解说补助金的支持下，通过多媒体展示、文物和虚拟现实体验等技术呈现山谷内战场景，为游客创造了一种身临其境的博物馆体验。

（三）战场恢复补助金

战场恢复补助金（Battlefield Restoration Grants，BARE）用于支持美国独立战争、1812 年战争和内战遗址恢复到战斗日状态。通过恢复景观，受助者可以保护重要的历史遗迹，同时保护开放空间，保护自然资源，并向公众提供进入遗址的机会。美国战场保护计划使用从土地和水资源保护基金中拨款的资金为战场恢复提供补助金。

战场恢复补助金可以由部落、州和地方政府以及非营利组织申请，所有项目都将通过竞争性绩效审查程序进行评估和授予。在战场恢复补助金的支持下，许多国家战场景观原貌得到了一定程度的恢复，促进了内战转折点的神学院岭战场、白兰地站的联邦骑兵战场等历史遗址的对外开放。

（四）保护规划补助金

保护规划补助金（Preservation Planning Grants，PPG）是美国战场保护计划最广泛、最多样化的拨款计划，旨在促进美国土地上任何战场或相关遗址的保护，不限于美国独立战争、1812 年战争和内战。保护规划补助金应用范围广，包括从保护战场原貌到资助调查研究等内容，如对葡萄干河战场的保护及对布尔堡之战当地土著的研究等。

保护规划补助金申请于每年日历年年底开始。每年春天，美国战场保护计划的工作人员都会评估相关申请的完整性，根据资助的资格要求对申请进行排名。每年初夏，国家公园管理局选择并宣布获得该补助金的项目。保护规划补助金的补助金金额范围从 30000 美元到 150000 美元不等，且不需要非联邦份额的配套资金。自 1990 年以来，受助者在 42 个州和地区通过 600 多个资助项目帮助保护和改善了 100 多个战场。

五、其他拨款

（一）日裔美国人禁闭场所补助金

美国国会建立了日裔美国人禁闭场所（Japanese American Confinement Sites Grants，JACS）拨款计划，以保护和解释二战期间日裔美国人被拘留的监禁地点。日裔美国人禁闭场所补助金在整个周期内提供高达 3800 万美元的资金，用于识别、研究、评估、解释、保护、恢复、修复和获取历史悠久的监禁遗址，以便当代和后代可以从这些遗址中学习和获得灵感，这些遗址将表明国家对法律平等正义的承诺。

（二）保护技术和培训补助金

保护技术和培训补助金（Preservation Technology and Training Grants，PTT）通过使用更好的工具、更好的材料和更好的方法来保护建筑物、景观、遗址和收藏品。保护技术和培训补助金由国家保护技术和培训中心（National Center for Preservation Technology and Training，NCPTT）管理。保护技术和培训补助金重点支持以下几类：支持开发新技术或调整现有技术以保护文化资源的创新研究，一般资助金额为 20000 美元；组织解决技术保存需求的专门讲习班或专题讨论会，一般资助金额为 15000~20000 美元；传播实用保存方法或更好保存实践工具的操作视频、移动应用程序、播客、最佳实践出版物或网络研讨会等活动，一般资助金额为 5000~15000 美元。

（三）保护美国计划

保护美国计划（Preserve America Program）旨在促进更广泛的国家历史知

识共享，增强地区认同和本土自豪感，提高本地参与保护国家文化和自然遗产资产的意愿，并支持社区的经济活动。保护美国计划分为两部分：拨款和社区认定。2006 年至 2009 年，历史保护基金的赠款资金被授予给该计划，保护美国计划向指定的保护美国社区提供资金，以支持遗产旅游、教育和历史规划的保护工作。到目前为止，该计划已向 280 个赠款项目提供了 21242661 美元。

（四）国家海洋遗产资助计划

国家海洋遗产资助计划（National Maritime Heritage Grant）为保护历史海洋资源并提高公众对美国海洋遗产的认识提供资金支持。该拨款来自国防后备舰队陈旧船只的出售或报废所得收入的一部分，所有拨款必须提供 50% 的非联邦配套资金。

六、国家公园基金会

国家公园基金会（National Park Foundation，NPF）于 1967 年由国会特许成立，是唯一的以直接支持国家公园管理局为使命的全国性非营利组织。国家公园基金会筹集私人资金，为 3399 万公倾国家公园的遗产保护提供资助。截至目前，国家公园基金会共为国家公园和合作伙伴提供了 5910 万美元的资金支持，收到了 35 万美元的私人捐款，有 120 万名成员。在基金会成立以前，无论是通过财政拨款还是土地捐赠，普通公民没有明确的方式可以直接支持公园，国家公园基金会的设立为民众参与国家公园保护提供了途径。

国家公园基金会致力于激励所有人与美国国家公园建立联系并保护国家公园，促进保护珍贵景观和荒野、历史遗迹和具有文化意义的场所的计划和项目，筹集和分配关键资金以确保国家公园的资源安全。

国家公园基金会包括下述几类基金：

（一）美洲原住民基金

国家公园基金会的美洲原住民基金与国家公园管理局合作，帮助加强部落与国家公园之间的关系。美洲原住民基金为部落和国家公园的优先需求和利益提供支持，帮助将更多的原住民声音纳入公园的故事讲述中。该计划还有助于发现和分享更真实的历史项目，支持将美洲原住民后裔与当地公园联系起来，并参与公园互动的项目。如蒙大拿州组织了风河管理团队，将风河印第安人保留地的土著青年与他们祖先的土地联系起来，培养了新一代美洲原住民土地管理者。

（二）梅隆人文奖学金

梅隆人文奖学金计划成立于 2019 年，重点支持人文学者关于国家公园历史的研究和分析，以传递国家公园新的观点和声音。每个国家公园都有不同的美国故事，如科罗拉多国家纪念公园和石墙国家纪念碑等遗址关于拉丁文化和传统的影响，铂尔曼国家公园的劳工历史等。

（三）支持妇女补助金

2020 年，国家公园基金会启动了一项新基金——支持妇女补助金（Support Women In Parks Grants），以支持帮助国家公园管理局分享更全面、更具包容性的美国叙事的项目和计划，这些内容放大了女性的声音，鼓励她们积极参与登山、保护环境和领导社会等运动。

（四）拉丁裔遗产基金

国家公园基金会拉丁裔遗产基金成立于 2011 年，旨在为后代保存美国历史上拉丁裔的故事和社区。拉丁裔遗产基金与国家公园管理局以及其他合作伙伴合作，在全国各地的公园和社区中保护和分享纪念拉美裔遗产的故事，为公园游客提供更多的机会，让他们认识拉丁裔历史对美国历史的重要性。拉丁裔遗产基金还与国家公园管理局合作，开展文化景观学徒计划，为西班牙裔和拉丁裔年轻人提供与国家公园管理局员工一起学习文化景观管理的机会。

（五）非裔美国人体验基金

国家公园基金会的非裔美国人体验基金成立于 2001 年，重点支持讲述非裔美国人故事的国家公园遗址和项目。基金帮助建立新的国家公园，开展保护工作，并在公园内加强讲解服务和为游客提供更多的参与机会。基金通过项目资助，有助于在更广泛的美国故事中放大非裔美国人的历史。

（六）二号民权历史保护基金

2015 年，国家公园基金会与二号基金会之间建立合作关系，设立了二号民权历史保护基金。该基金主要支持与民权历史和故事有关的国家公园遗址的工作，包括开发用于讲故事的数字技术，并发展建设公园的项目管理能力，并为人们进入国家公园工作创造机会。

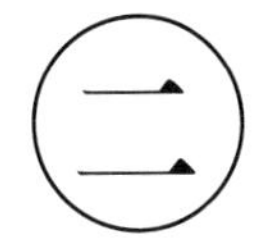

章

美国文化类国家公园的遗产保护制度

第一节　美国历史遗产保护

一、美国战场保护计划

美国战场保护计划（American Battlefield Protection Program，ABPP）是由美国政府主导，以促进保护美国土地上重要的历史战场与武装冲突地点为目的的一套保护计划，于 1991 年被提出。1996 年，美国总统签署《美国战场保护法》，正式授权该计划。美国战场保护计划主要采取公私合作的方式，即联邦政府与非营利机构、学术团体等社会组织共同合作，以战场土地购置补助金、战场解说补助金、战场恢复补助金、保护规划补助金（见第一章）等四个资金补助项目为载体，全面推动美国战场保护计划的实施。

2022 财年，美国战场保护计划对于美国战场遗址的保护给予了有力支持：为伊利诺伊州、马萨诸塞州等 10 个州的 14 个项目提供了保护规划补助金，资助金额达 119.8 万美元；在阿肯色州、路易斯安那州等 9 个州收购了 348 公倾土地，涉及 25 个项目，战场土地购置补助金为此提供了 1240 万美元的资助；向 1 个地方政府和 5 个非营利组织发放了 6 笔战场解说补助金，总额度为 48.9 万美元；向 4 个非营利组织发放了 6 笔战场修复补助金，总额为 34.5 万美元。

二、认证地方政府

认证地方政府（Certified Local Government，CLG）是通过促进州和地方政府与联邦合作伙伴的合作，以推动美国范围内的遗产保护的行动。通过认证地方政府程序，地方社区将严格遵守国家历史保护标准，从而有助于提高人们对保存、保护独特文化遗产的认识。

国家公园管理局和州历史保护办公室共同管理认证地方政府项目，每个地方社区都要通过认证程序，才能被认可为认证地方政府。一旦获得认证，地方政府将成为联邦历史保护计划的积极合作伙伴，每个社区都能从该计划中受益，并遵守联邦和州的要求。认证地方政府资金主要来源于历史保护基金，同时受到国家公共技术中心、历史保护税收优惠、国家史迹名录以及国家历史信托基金的支持与援助，具有极高的社会影响力。

（一）认证流程

地方政府需要满足相关条件才能成为认证地方政府。首先，地方政府需要设立合格的历史保护委员会。其次，地方政府应当执行州或地方立法，以保护历史遗产。同时，地方政府需要维护当地历史资源调查清查制度。此外，要促进公众参与当地的保护工作，包括参与国家史迹名录的登记。最后，每个州都有认证程序，成为该州认证地方政府的额外要求。

地方政府认证调查员是联邦政府与地方政府在认证过程中交流沟通的重要一环，作为桥梁来传递信息与文件。

（二）项目价值

社区认证为社区获得法律保护、资金支持、技术援助以及与其他历史保护权益开启了大门。获得认证的地方政府都必须做出书面法律承诺，根据州和地方法律保护社区不可替代的历史财产。获得认证也有助于社区获取保护基金，各州每年从历史保护基金获得拨款。各州必须将至少 10% 的资金作为次级赠款提供给地方社区团体。这些赠款可用来资助调查、国家登记册提名、修复工作、设计指南、教育计划、培训、结构评估和可行性研究等遗产保护的各种项目。作为认证的地方政府，社区可直接向相关工作人员寻求建筑评估、调查和提名以及一般保护方面的援助。州政府工作人员和国家公园管理局还为社区联络小组提供定期培训。同时，历史保护具有经济、环境和社会效益。研究表明，保护良好的历史街区能保持较高的财产价值、较少的人口减少，以及更强的社区意识。

三、国家历史地标计划

国家历史地标计划（National Historic Landmarks Program，NHLP）是通过识别和指定国家历史地标，鼓励长期保护国家遗产的一项倡议计划。该计划聚焦于保护美国范围的历史遗产。国家公园管理局的工作人员会指导新地标的提名，国家历史地标计划也会通过与各地公民合作的方式，为现有地标提供帮助。截至目前，美国有 2600 余处国家历史地标，囊括了历史建筑、遗址、结构、物品和地区等多种形式，每一个历史地标都代表了美国历史和文化的一个杰出方面。所有的国家历史地标也同时被列入国家史迹名录（National Register of Historic Places）。

国家历史地标是根据《联邦法规》（The Code of Federal Regulations，CFR）第 36 篇“公园、森林和公共财产”第 1 章第 65 部分国家历史地标计划（National Historic Landmark program）的要求选拔和建设。其标准如下：

（一）具有国家重要意义

具有国家重要意义的地区、遗址、建筑、结构和物品在说明或解释美国的历史、建筑、考古、工程和文化传统方面具有特殊的价值，在地点、设计、环境、材料、工艺、感觉和联系方面具有高度的完整性，并且具有下述要点的某一点或几点：

（1）与对美国历史做出重大贡献的事件有关，被认定或突出地代表了美国历史的广泛国家模式，并可从中获得对这些模式的理解和认识；

（2）与美国历史上举足轻重的人物的生活有重要关联；

（3）代表美国人民的某种伟大思想或理想；

（4）体现了对某一时期、某一风格或某一建造方法的研究具有特殊价值的建筑类型标本的显著特征，或代表了一个重要、独特和非凡的实体，其组成部分可能缺乏个别区别；

（5）由环境当中具有代表性的不同部分组成，但由于其历史关联或艺术价值不足以单独获得认可，而是共同构成了一个具有特殊历史或艺术意义的实体，或突出地纪念或展示了一种生活方式或文化；

（6）通过揭示新文化或揭示美国大片土地被占领时期，已经产生或可能产生具有重大科学意义的信息，此类遗址是指已经产生或有理由认为可能产生对理论、概念和思想有重大影响的遗址。

（二）其他情况

通常情况下，墓地、出生地、历史人物的坟墓、宗教机构拥有的财产或用于宗教目的财产、从原址移走的建筑、重建的历史建筑以及在过去 50 年内具有重要意义的财产不符合国家历史地标的指定条件。但是，如果这些遗产属于以下类别，则符合条件：

（1）主要因建筑或艺术特色或历史重要性而具有国家意义的宗教财产；

（2）虽已迁离原址，但主要因其建筑艺术价值或与国家历史上具有超越性重要意义的人物或事件相关联而具有国家意义的建筑物或构筑物；

（3）已不复存在的建筑物或构筑物的遗址，但与之相关的人或事件在国家历史上具有超越性的重要意义，其关联性随之产生；

（4）一个出生地、坟墓或墓葬，但其主人必须是具有超越国界意义的历史人物，而且没有其他适当的遗址、建筑物或构筑物与此人的生产生活直接相关；

（5）墓地，其主要的国家意义来自具有特殊重要意义的人物，或来自特别独特的设计，或来自特别重大的事件；

（6）重建的具有特殊国家意义的建筑或建筑群，但须在适当的环境中准确地实施，并作为修复总体规划的一部分以庄重的方式展示，而且没有其他具有相同联系的建筑或结构幸存下来；

（7）设计、年代、传统或象征意义使其本身具有国家历史意义的财产；

（8）在过去 50 年内获得国家级意义的财产，如果它具有非同寻常的国家重要性。

国家历史地标计划识别的是具有国家意义的历史遗产。在申报或识别时，会由国家公园体系咨询委员会（The National Park System Advisory Board，NPSAB）以及相关专业人士审查申请的财产是否具有国家意义或者对国家发展具有重大贡献。

在某项财产被认定为国家历史地标后，其将被列入国家史迹名录，所有者可在项目通过后得到相关证书。随后国家公园管理局与国家历史地标的所有者将长期保持联系，进行国家历史地标完整性的监测，就保护标准向所有者提出保护意见以及技术援助，并更新其完整性的相关记录。其中若其专业性、完整性遭到了破坏，或其具备的意义不足、出现程序错误，都会撤销其国家历史地标称号。

四、保护美国计划

保护美国计划（Preserve America Program，PAL）是根据保护美国第 13287 号行政令制定的一项联邦倡议，推动联邦历史遗产的保护、提升和当代利用，通过遗产旅游促进历史遗产保护和利用方面的伙伴关系。该计划的目标包括更多地分享国家过去的故事，加强地域身份和当地自豪感，促进当地参与保护文化和自然遗产，以及发展并增强社区的经济活力。该计划着眼于美国社区构成的重要基本单位——社区，以社区的历史特色认证加强社区群体的认同感自豪感，进而带动基层社区投身美国历史遗产保护，具有较强的社会动员性。

特定区域可以申请成为保护美国社区，申请条件包括该区域必须保护并宣传他们的遗产，利用其历史资产促进经济发展和社区振兴，以及鼓励人们通过教育和遗产旅游体验和欣赏当地的历史资源。在认证为保护美国社区后，该区域将获得一系列优惠特权，如认可证书，国家和地区新闻稿，获取由国会资助的保护美国赠款，授权在标志等宣传材料上使用“保护美国”标志。

目前，超过 900 个城市、社区、县和部落已被认定为保护美国社区。它们位于50个州、哥伦比亚特区、美属维尔京群岛和美属萨摩亚。

五、美国文物保护

美国文物保护（Preservation of American Antiquities，PAA）对遗址、古迹、历史与史前建筑、古物、历史地标以及其他具有历史和科学意义的物品加以系统性保护，由联邦政府主导；同时保护文物于公共博物馆内对外开放，是一种政府主导、社会参与的保护模式。

申请该计划的文物应该符合两项申请条件：一是该文物需是从遗迹废墟或考古活动中挖掘出的文物；二是挖掘出来后的时限不可以超过三年。符合申请范围的可将许可证申请提交给史密森学会。

在每个季度的实地工作结束时，被许可人应以史密森学会秘书规定的形式向史密森学会报告，并应准备一份收藏品和该季度期间拍摄的照片目录。保护过程中由政府专业人员提供资金维护与技术。

上述各项保护计划共同作为遗产保护计划的重要部分各有不同的作用，例如美国战场保护计划侧重于保护与修复战场遗址，而地方政府认证重于打破中央与地方的堵点，统筹加强全美各区域间的历史文化资源管理等。所有保护计划在实践机制上具有相对完善的程序结构，是一种兼具保护与开发，专业性与覆盖性，同时重视调动广泛社会参与，充分发挥美国资金、技术、人才优势，社会生态文化效益相统一的保护模式。

第二节　历史保护税收激励计划

历史建筑是与过去有形的联系，它们有助于给社区带来认同感、稳定性和方向感。美国联邦政府通过各种方式鼓励历史建筑的保护，其中之一是联邦税收激励计划。联邦历史保护税收激励计划（Federal Historic Tax Credit Program）鼓励私营部门投资修复和再利用历史建筑，这一计划创造了就业机会，是联邦政府最成功和最具成本效益的社区振兴计划之一。该计划由国家公园管理局、国税局、州历史保护办公室合作开展，每个机构在计划中都发挥着重要作用。

税收优惠政策促进了各个时期、各种规模、不同风格和类型的历史建筑的修复，有助于保护赋予城市、城镇和农村地区特殊特征的历史名胜。税收优惠措施还吸引了私人投资到城镇的历史核心，同时还创造了就业机会，提高了财产价值，并通过增加财产税、营业税和所得税增加了州和地方政府的收入。除此之外，该计划还有助于在历史建筑中建造中等和低收入人群住房。通过该计划，全国各地废弃或未充分利用的学校、仓库、工厂、教堂、零售店、公寓、酒店、房屋和办公室都恢复了生机，保持了其历史特色。

一、税收抵免模式

根据《1986 年税制改革法案》（Tax Reform Act of 1986）和《国内税收法典》规定的现行保护税收激励措施包括：对经认证的历史建筑的修复给予 20% 的税收抵免；对 1936 年以前建造的非历史性、非住宅建筑的修复给予 10% 的税收抵免。税收抵免是指降低应纳税所得额，一美元的税收抵免可以减少一美元的所得税。

税收抵免主要有两类，即 20% 和 10% 的修复税收抵免。

20% 的修复税收抵免由内政部与财政部共同管理。国家公园管理局代表内政部长行事，与各州的州历史保护官员合作；国内税收署（The Internal Revenue Service）代表财政部部长行事。该部分的税收抵免可用且只能用于修复由内政部长通过国家公园管理局确定为“认证历史建筑”的建筑。一般来说，认证申请是通过相关的州历史保护官员向国家公园管理局提出，国家公园管理局会充分考虑该官员对认证申请的意见，只有国家公园管理局正式授权的官员才能以书面形式批准 20% 的税收抵免项目。国家历史保护办公室和国家公园管理局审查修复工作，以确保其符合部长的修复标准。国内税收署规定了可以抵免的合格修复费用。20% 的税收抵免适用于为商业、工业、农业或出租住宅目的而修复的房产，但不适用于完全用于业主私人住宅的房产。每年，技术保护服务批准大约 1200 个项目，每年撬动近 60 亿美元的私人投资，用于修复全国各地的历史建筑。

1936 年之前投入使用的非历史性建筑的修复，可以享受 10% 的修复税收抵免。与 20% 的修复税收抵免一样，10% 的税收抵免政策只适用于建筑物，而不适用于船舶、桥梁或其他结构。而且，该财产必须是可折旧的，修复必须是实质性的。该税收抵免适用于修复后用于非住宅用途的建筑。为了有资格获得税收抵免，该建筑必须满足三个标准：第一，至少 50% 的现有外墙必须作为外墙保持原位；第二，至少 75% 的现有外墙必须保留为外墙或内墙；第三，至少 75% 的内部结构框架必须保持原位。

二、实践效果

历史保护税收激励计划由国家公园管理局与各州历史保护办公室合作管理，是美国通过历史修复促进历史保护和社区振兴的最有效计划。自 1976 年实施以来，该计划已完成了 48293 个项目的修复，带动了超过 1229 亿美元的私人投资用于历史遗产的修复，促进了美国 50 个州、哥伦比亚特区、波多黎各和美属维尔京群岛各个时期、各种规模、不同风格和类型的历史建筑的修复。税收抵免计划创造了急需的工作岗位和经济活动，提高了社区的财产价值，创造了经济适用房，并增加了联邦、州和地方政府的收入，在历史保护的私人支出中发挥了数倍于其成本的杠杆作用。这项计划在保护历史建筑和场所方面发挥了重要作用，这些建筑和场所赋予了城市、城镇、街道和农村地区独特的个性，并为美国大大小小的社区吸引了新的私人投资。

历史保护税收激励计划对与之相关的历史修复项目进行投资的好处是广泛的，促进了几乎所有国民经济部门的薪资和生产增加。1978—2021 财年期间，共有 1991 亿美元投入历史修复项目，由此创造了 304.2 万个工作岗位和 2138 亿美元的国内生产总值，其中约 30% 的岗位和国内生产总值来自建筑业。其他的主要受益者还包括服务业（创造了 55 万个工作岗位和 284 亿美元的国内生产总值）、制造业（创造了 64.2 万个工作岗位和 567 亿美元的国内生产总值）和零售业（创造了 42.7 万个工作岗位和 151 亿美元的国内生产总值）。

历史保护税收激励计划着眼于对整体性的历史建筑群而非单一建筑结构的保护，以税收优惠的政策带动社区集体的保护积极性，且其实践成果具有极广的应用范围：在住房、医疗、绿色环保等诸多领域带动政府收入增加，稳定财政结构的同时，激发了全社会积极投入历史保护的参与感、责任感和获得感，形成良性循环。

第三节 部落历史保护计划

部落历史保护计划（Tribal Historic Preservation Program，THPP）是由美国国家公园管理局批准并成立的历史遗产保护项目，以部落历史保护办公室为主要行动单位，由国家历史保护基金提供资金补助来协助进行保护活动，该计划于 1996 年正式实施。部落历史保护办公室的主要职能是通过《国家历史保护法》（National Historic Preservation Act）保护和保存重要的部落文化、历史资产和遗址。至今，该计划已在美国范围内保护了大量传统部落的历史文化、遗址以及自然风貌。部落历史保护办公室因其在地方、州和国家层面的保护工作而获得认可，获得赠款、实习和其他社区援助，为部落成员带来了新机会。截至 2020 年 8 月，国家公园管理局已与 200 多个部落历史保护办公室合作，并且申请数量持续增长。

一、运作模式

部落历史保护办公室计划仅适用于拥有保留地或部落托管土地的传统部落，并且该部落需要由联邦政府授权认可。计划批准条件要求相关部落需要在土地上承担历史保护的职责。在通过部落决议后，部落可以提交请求，部落需要承担土地的历史保护职责，并在请求时提交相关计划并描述如何履行这些历史保护职责。

在申请计划补助金时，需要满足四个条件：一是拥有经国家公园管理局批准的部落历史保护办公室协议；二是该部落历史保护办公室须是单一的、经任命的、永久或代理的办公室；三是不存在之前未完成的相关报告、未解决的问题和审计结果；四是不存在法律阻力。

在计划执行过程中，部落历史保护办公室可以与联邦政府、州政府、地方政府、私人组织和个人合作，指导和开展对部落土地上历史财产的全面调查，并保存这些财产的清单。办公室还应该确定并向国家史迹名录提名合格的财产，并以其他管理方式将历史财产列入国家史迹名录。除此之外，办公室还承担：编制和实施全面部落历史保护计划；管理联邦援助部落方案，以保护部落土地内的历史；协助联邦、州及地方政府履行其历史保护责任；提供公共信息、教育和培训，以及历史保护方面的技术援助；与地方政府合作制定地方历史保护方案。

二、实践成效

1996 年，美国开始实施部落历史保护计划，当年有 12 个部落申请获批。此后，参与的部落数量持续增加，2016 年，共有 169 个部落参与其中，2022 年，参与部落已达 208 个。通过签署部落历史保护办公室协议，许多部落通过取得了良好的保护效果，如部落历史保护办公室将威斯康星州和密歇根州的印第安寄宿学校以及亚利桑那州 66 号公路沿线历史悠久的加油站添加到国家史迹名录中，保存了多种主题的历史财产。许多历史财产在国家史迹名录被提名，如纳拉甘西特部落、万帕诺亚格部落、马山塔基特佩科特和康涅狄格州印第安人的莫希根部落共同努力开发的仪式石景观，提升了仪式石传统景观的知名度。

部落历史保护计划是政府发起、民众参与的、自上而下的历史保护活动，通过资金、技术、人才援助方式促进了美国传统部落的物质和非物质遗产的保护。

第四节　遗产文献计划

遗产文献计划（Heritage Documentation Program，HDP）是国家公园管理局所管理的保护计划的一部分，隶属于国家公园管理局的文化资源、伙伴关系和科学局（Cultural Resources，Partnerships，and Science Directorate），主要涉及美国最重要的历史遗迹和大型物品的永久记录保护。遗产文献计划由美国历史建筑调查（Historic American Buildings Survey，HABS）、美国历史工程记录（Historic American Engineering Record，HAER）和美国历史景观调查（Historic American Landscape Survey，HALS）三个保护计划组成，形成的文献构成了美国最大的历史建筑、工程和景观文献档案。历史遗迹的记录（包括大幅面黑白照片、测量图纸和书面历史报告）保存在国会图书馆，公众可以免费阅览。截至 2023 年 8 月，遗产文献计划共保护了 45537 件文档，其中包括美国历史建筑调查文档 34027 件，美国历史工程记录 10493 件，美国历史景观调查 1017 件。遗产文献计划有利于更广泛地认证和保护历史资源，为修复和恢复文物提供基础文件和基础材料。

一、分类

美国遗产文献计划包括以下三个计划：

美国历史建筑调查计划是美国第一个联邦保护计划，始于 1933 年。它所确立的方法现已成为该领域的标准做法，如历史遗址的调查和列表，为公众利益创建文档等。该计划通过与国家公园管理局、美国国会图书馆和美国建筑师建立独特的公私合作伙伴关系，旨在记录美国的建筑遗产，以减轻快速消失的建筑资源对建筑环境、历史和文化造成的负面影响。美国历史建筑调查收集了丰富的特定时期的建筑细节，为后代建立了一个可供公众查阅的持久档案，同时也有助于历史遗产的修复和复原，以及基于历史先例的新设计。藏品的类型和风格从纪念性建筑和建筑师设计到实用性建筑和乡土建筑不一而足，其中包括大量源自地区和民族的建筑传统，以讲述所有的美国故事。美国历史建筑调查会根据内政部长的标准，在对记录技术进行实地测试的基础上，制定记录准则。同时，通过暑期记录计划和学生竞赛，为下一代历史建筑师、历史学家和保护工作者提供培训。

美国历史工程记录计划成立于 1969 年，旨在记录广泛的遗址、结构和物品，包括运输系统和基础设施、工业建筑和机械、公用事业、矿山、桥梁、水上船只、历史悠久的交通工具，甚至太空飞船等美国工程和工业遗产。美国历史工程记录计划发布指导方针，以确保以一致和可访问的方式妥善记录这些遗产。该计划由美国国家公园管理局、美国国会图书馆和四个独立的工程学会（包括美国土木工程师学会、美国电气与电子工程师学会、美国化学工程师学会和美国采矿、冶金和石油工程师学会）协议创建。

美国历史景观调查计划成立于 2000 年，旨在认识景观的重要性及采用不同方法记录景观的必要性。该计划记录的历史景观包括正规花园和公共空间、传统文化景观、农业遗址和住宅区等。历史景观通过其形式、特征和使用历史揭示了美国起源和发展的各个方面，几乎每一处历史遗产都有景观部分。景观会因使用不当、开发、破坏和自然力量而消失。因此，记录这些景观非常重要。美国国家公园管理局与美国国会图书馆美国景观设计师协会合作创建了美国历史景观调查计划。

二、文献来源

美国遗产文献计划以收录资料的方式保护了大量的珍贵历史文物资料，并通过与州和地方政府、私营企业、专业协会、大学、保护团体和其他联邦机构合作开展全国性文档计划，加大了对文物资料的保护力度，为历史保护提供了充足的资料基础与智力支持。

遗产文献计划的文献主要来源于以下四个方面：学术机构、公众、专业组织和州历史保护办公室的捐赠；根据《国家历史保护法》的要求完成的减灾工作；由国家文献保护计划专业人员实施的项目；由国家文献保护计划监督的竞赛。

遗产文献计划记录了数千个历史遗迹，其文档工作质量高，对历史遗迹以及建筑结构进行了深入的探索以及精确的测量。如宾夕法尼亚州的费城兀兰文档中，就包含了该建筑的南北立面、门廊、通道、炉子等结构的黑白照片（见图 2-1）。

图 2-1　宾夕法尼亚州费城兀兰内部结构

第五节　国家史迹名录

国家史迹名录（National Register of Historic Places，NRHP）是国家保护的历史名胜的官方名单。根据 1966 年《国家历史保护法》的授权，国家公园管理局的国家史迹名录是国家计划的一部分，旨在协调和支持公共和私人在识别、评估和保护美国历史和考古资源方面所做的努力。

一、名录确认

美国《联邦法规》第 36 编第 1 章第 60 部分对国家史迹名录的授权、定义、审查、标准、程序等有清晰的规定和要求。国家史迹名录的确认分为以下几类：

（1）根据美国国会法案和行政命令所确定的国家公园系统历史区域，其全部或部分区域可能被确定为具有符合国会意义的史迹；

（2）内政部长宣布具有国家意义并指定为国家历史地标的财产；

（3）经批准的州历史保护计划准备的提名，由州历史保护官员提交并经国家公园管理局批准的史迹；

（4）任何个人或地方政府提名的（仅限于该财产位于没有经批准的州历史保护计划的州的情况），并经国家公园管理局批准的史迹；

（5）由联邦机构编制、联邦遗产保护官员提交并经国家公园管理局批准的联邦遗产提名。

国家史迹名录的确认路径包括：一是根据州历史保护计划提名，由州历史保护官员提交并由国家公园管理局批准，纳入名录。二是由联邦机构准备的联邦财产提名，由联邦保护官员提交并由国家公园管理局批准，纳入名录。

二、实践成效

截至 2023 年，美国纳入史迹名录的遗产有 98000 多处，代表了 180 万种遗产资源，包括建筑、遗址、地区、结构和物品。列入国家史迹名录可以获得税收抵免资格，带动了超过 450 亿美元的私人投资和国家公园管理局的赠款计划。

许多历史性遗产遗址得到了国家史迹名录的认可并得到了相关保护，如：月球陨石坑国家历史区、阿卡迪亚国家公园、米农矿等历史资源。为美国文物保护的整体发展提供了有力保障。

第六节　州、部落和地方政府历史保护计划

州、部落和地方政府历史保护计划（State，Tribal，and Local Government Historic Preservation Programs）通过一系列项目为美国历史地点和多样化历史的保护提供保护支持。《国家历史保护法》是这一计划的基础，也为该计划提供了法律保障。美国《联邦法规》第 36 编第 1 章第 61 部分对州、部落和地方政府历史保护计划的授权、定义、实施、国家计划、地方政府计划、资金等内容有清晰的规定和要求。美国国家公园管理局负责计划的实施，历史保护基金提供资金保障。计划鼓励全方位，多方面的地方历史保护，如在公园里保存历史、鼓励私营部门投资修复和再利用历史建筑、开展和赞助历史保护研究等。计划以极广的涵盖性、针对性、专业性，为美国大量的历史资源提供资金保障、技术支持和人才支持，促进了美国历史文化的保护和发展，带动了相关人才、机构的培养，是美国历史保护中不可忽视的重要力量。

一、计划执行要求

某个州若要参与该计划，州长须任命并指定一名州历史保护官员来管理州历史保护计划，州历史保护官员负责制订和实施全面的州历史保护计划，调查和维护历史遗产清单，让公众充分参与州历史保护计划，并为历史财产保护决策提供指导。州历史保护官员还可以通过与任何合格的非营利性组织、教育机构签订合同或合作协议，或根据州法律以其他方式履行其全部或部分职责。

州历史保护计划的实施要经过多级批准。州历史保护计划须先报州政府部长批准，然后报国务卿批准。如果内政部长确定一项州计划有不符合法律的

方面，将返回州历史保护官一份报告，报告包括缺陷通知和要求采取的纠正行动。除非情况需要立即采取行动，否则内政部长将提供一个规定的期限，允许纠正不足之处，或提交一份纠正不足之处的合理计划和时间表，以供国务卿批准。在此期间，州历史保护官有机会要求内政部长重新考虑任何调查结果和要求采取的行动。 如果某项计划存在缺陷，或在规定时间内未及时纠正，国家公园管理局局长将向州历史保护官员发出通知，宣布撤销某项计划的批准地位。内政部长将根据法律法规要求和国家公园管理局发布的相关指南，启动财务中止和其他行动。

二、资金资助

每个获批的项目都可以获得历史保护基金的资金支持。国家公园管理局负责管理历史保护基金的配套资金，如果州立计划未能满足这些要求，国家公园管理局局长将提出意见并采取适当行动。

州历史保护官员负责将其年度历史保护基金拨款的至少 10% 转给被认证的地方政府，作为历史保护项目和计划的分拨款。国家历史保护基金年度赠款拨款超过 6500 万美元的任何一年，州历史保护官必须根据部长制定的程序，将超过 6500 万美元的金额的一半转给被认证的地方政府。州历史保护官每年须向地方政府通报其申请国家历史保护基金的机会，以及申请和项目遴选要求等。

单个国家公园单位的计划和国家公园管理局的整体性计划都涉及地方历史保护，从修复标志性的公园小屋到举办社区历史保护青年峰会，都有该计划的发挥空间。例如，国家公园管理局正在对历史悠久的埃斯帕达渡槽的部分进行保护、维护和维修工作，埃斯帕达渡槽是美国最古老的西班牙渡槽，位于圣安东尼奥任务国家历史公园，这个耗资 290 万美元的修复泄漏和清除沉积物和碎片的项目由“伟大的美国户外法案”资助，预计将于 2023 年 3 月完成。此外还有圣奥古斯丁大教堂，丘马什起义遗址等地方历史遗址，在该计划的保护下得到了新生。

第七节 保护技术和培训补助金计划

保护技术和培训补助金计划（The Preservation Technology and Training Grants Program）由国家保护技术和培训中心管理，旨在支持开发新的和改进的工具、材料和方法，以保护历史建筑、景观、遗址和藏品。补助金由国家公园管理局提供，供包括联邦机构、州和地方政府、部落和非营利组织在内的众多机构使用。

保护技术和培训补助金计划通过支持创新项目来推动保护领域的发展，鼓励开发修复历史建筑的新工具、研究保护文物的新方法，探索管理文化景观的新方法。该计划重点关注能推动保护领域发展并对保护文化资源的方式产生持久影响的项目。

2021 年，保护技术和培训补助金共资助了 12 个项目，用于保护和修复历史建筑、景观、遗址和藏品，资助金额为 20.9 万美元。例如，威尔肯斯用现有的数字文档和研究成果，为佐治亚理工学院和佐治亚大学建立交互式遗产建筑信息模型；伊利诺伊大学的罗伯特使用电磁感应方法来识别和评估受损、隐蔽和敏感考古遗址（如史前遗址）的完整性。2020 年，保护技术和培训补助金共资助了 11 个项目，资助金额为 20.2 万美元，资助项目包括得克萨斯大学调查空调集成对美国历史性石质建筑的影响等。

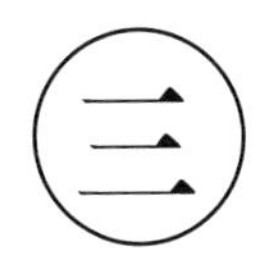

第三章 美国文化类国家公园的利用制度

第一节 遗产旅游

遗产不仅是历史的纪念碑，也是人类认识自我、获取知识的重要载体。美国国家公园管理局保护了大量有关美国历史、建筑考古和文化的重要信息。这些文物遗址有些由美国国家公园管理局拥有和经营，有些参与美国国家遗产区计划，而其中大部分列入美国国家史迹名录。虽然美国国家公园以风景优美的自然公园而闻名，但美国国家公园系统有超过一半的区域用来保护文化遗产，包括与史前印第安文明相关的考古遗址，与现代美国人生活有关的遗址，以及能够展示美国国家历史的重要人物、事件和活动。美国国家公园管理局保护美国国家公园系统的自然和文化资源，供现今和后代享用。

一、考古旅游

（一）形式

1. 城市考古

现代社会发展下城市的变化速度很快，而变化往往将过去的证据封存在地下，埋藏了许多过去的文化传统、社会和日常生活。考古学家利用城市地图和历史文件来预测他们将发现什么，然后用反铲车和起重机挖掘，清除上面覆盖的填充物和建筑瓦砾。

例如，在挖掘纽约市百老汇街 290 号时，考古学家发现了一个可追溯到殖民时期的非洲墓地，即非洲墓地国家纪念碑。发掘工作引发了与黑人后裔社区关于纽约奴隶制历史的讨论。

2. 参观土著景观

美国的原住民包括了阿拉斯加原住民、美国原住民和夏威夷原住民。考古学为了解原住民很久以前的生活提供了一个窗口，它有助于人们了解美洲大陆的变化，包括环境变化和文化变迁的影响。从考古记录中发现过去的人类生活与丰富的文化遗产，并与现在的生活群体息息相关。

美国国家公园为旅行者提供了可去的地方和可做的事情。国家公园的大部分公园、遗址和阿拉斯加州的部分地方公园都有历史遗留下来的痕迹，以及美国登记在册的国家历史地标。这些遗址对现存的民族来说是神圣的、独特的、不可替代的遗产。

3. 参观非裔美国人考古

考古学捕获了历史文献中未记录的非裔美国人信息，对于了解非裔美国人的历史非常重要。旅行者参观的考古场所，展示了从殖民时代到近代的非裔美国人的故事。非裔美国人考古遗址，涉及美国国家公园管理局管理单位、美国国家史迹名录、国家历史地标名录等多个场所。

非裔美国人主要活动地区涉及美国东南部、大西洋中部、美国中西部、美国西部、美国西南部（见表 3-1）。

表 3-1 非裔美国人主要活动地区

地区	公园数量（个）	代表公园	简介
美国东南部	6	纳尔逊营内战遗产公园	内战期间，纳尔逊营是白人和非裔美国士兵的大型训练营。它是肯塔基州最大的非裔美国人营地，也是美国最大的营地之一
大西洋中部	11	非洲墓地国家古迹	已知最早和最大的非裔美国人墓地
美国中西部	4	新费城	记录了非洲裔美国人对西部扩张和城市发展的贡献。由于新费城靠近奴隶贸易路线，它也提醒着人们非裔美国人面临的偏见和危险
美国西部	1	艾伦斯沃思上校故居	艾伦斯沃思出生为奴隶，通过担任联邦士兵获得了自由。战后他和其他四名非洲裔美国人在加利福尼亚州图莱里县创立了艾伦斯沃思社区
美国西南部	1	瓜达卢佩山国家公园	美国陆军中的非裔美国人军队被部署在大平原和西南部，这些布法罗士兵经常与美洲原住民部落发生冲突。在该公园可以了解所有这些人在冲突时期的经历

4. 参观拉丁裔美国人考古

美国国家公园展示了美国拉丁裔人民的历史，从他们早期的存在到定居再到 21 世纪的新浪潮。考古学反映了影响美国拉丁裔人的深厚历史。

美国最早的拉丁裔考古遗址可以追溯到 16 世纪的西班牙殖民时期。拉丁裔人影响着美国的音乐风格和文化。通过考古拉丁裔人的遗址，可以了解拉丁裔不同分支的发展过程。国家公园和国家史迹名录中，都有涉及拉丁裔人考古的内容。

例如，佛罗里达州圣马科斯城堡国家古迹，是美国第一个西班牙定居点，游客可以在这里看到美国最古老的砖石堡垒。经过多年发展，圣马科斯城堡从堡垒转变为监狱，最后又变成了避难所。它反映了非洲和土著习俗混合的殖民生活，反映了他们如何创造自己的文化。旅行者可以参观圣马科斯城堡并进入堡垒，里面可以看到展出的许多考古物品，这些物品讲述了第一个西班牙定居点的故事。

（二）考古人群

考古人群主要分为三类：游客、退伍军人和志愿者。美国国家公园对于不同的考古人群也制定了不同的内容。

1. 游客

对于普通游客来说，只有美国国家公园考古学家或其他获得考古批准的人（如受雇从事特定项目的承包商）才能在公园内进行挖掘。在没有考古调查许可证的情况下，在联邦土地上挖掘是违法的。

2. 退伍军人

退伍军人在退役后从事考古相关工作是一种常见选择，此类考古人群有很多渠道接触到考古工作，在美国影响力最大的是美国退伍军人考古恢复组织。

美国退伍军人考古恢复组织（American Veteran Archaeology Recovery，AVAR）将退伍军人所具备的执行力与组织的学术培训活动相结合，在全球范围内开展专业的考古考察。该组织在考古过程中通过和退伍军人建立情感纽带，帮助退伍军人克服孤立、无能为力和失去目标等感觉，以缓解他们从军队退役后的不适应感。虽然计划主要服务于残疾退伍军人，但是主要侧重的还是军人所拥有的能力。旨在努力创建一个容纳多元化退伍军人社区的计划。美国退伍军人考古恢复计划在美国独一无二，帮助退伍军人在探索过去的同时找到自己的未来。计划将加强考古实地工作过程以长期受益和发展参与者描述为“康复考古学”。

3. 志愿者

美国国家公园管理局在全国领土上的公园、地区办事处和项目中提供志愿者机会。志愿者职位没有报酬，但可能涉及带领参观者到纪念品处理、数据输入和研究等任务。志愿者可以搜索美国国家公园志愿者网站，找到一个成为公园志愿者的机会，帮助国家公园的考古学家收集数据以保存考古资源，也可以通过与联系联邦机构和博物馆找到成为志愿者的机会。

在一些情况下，志愿者并不适于参加考古活动。使用志愿者来监测私人土地上的考古遗址的项目比让土地所有者作为遗址管理人员的项目更不常见，原因有几个。首先，土地所有者通常不愿意允许进入他们的土地进行监控。由于受监测的遗址位于私人土地上，遗址管理计划通常无法通过与州和联邦土地管理机构的合作获得资金、行政支持和资源。其次，还有许多志愿者无法完成专业任务，管理计划必须依靠专业人员的专业知识。由于将志愿者送往这些地区的成本、不便性、潜在危险和责任等原因，志愿者无法访问极偏远的地点。大多数志愿者希望监测地点距离他们居住地较近。最后，一些考古资源应该由专业人员监控，因为它们太脆弱，或者可能需要特殊的专业知识，例如有些人类遗骸遗址。尽管志愿者做了大量工作，但他们并不能全面解决困扰美国许多地区的保护问题。

志愿者可以参与的考古工作包含支持旅游考古相关教育工作、景点周边道路和历史建筑维护和重建工作等。

二、田野学校

田野学校是遗产旅游的一种形式，主要为参与者提供野外和实验室工作的实践经验。参与者会在田野学校学习考古方法，如挖掘和文物处理；学习像考古学家一样思考，如在考古遗址上对文化活动进行排序。田野学校的参与者在学习后可以更自如地向游客解释考古学的相关知识。

国家公园和合作伙伴会提供野外学校场地，如，从太平洋西北部温哥华堡的殖民堡垒生活到维尔京群岛的岛屿生活，再到佛罗里达州生态和自然保护区的传教和种植园。这些场地都提供该类型的实践活动。

三、研学旅游

美国国家公园的研学旅游形式多样，包含了网络学习、历史名胜教学、远程学习、实地调查等。国家公园管理局针对不同文化主题开发了多样的研学课程。

教师与学生可以直接在国家公园管理局官网获取研学旅游资料，提前学习以便于进行实地考察。国家公园管理局官网为教师、学生提供的研学旅游材料相对丰富。在国家公园网站可以浏览到美国所有记录在册的博物馆藏品，可以根据目录指引搜索到研究者感兴趣的藏品以及他们的历史故事。教师与学生也可以在国家公园网站搜索感兴趣的公园或者遗迹地点，查询所有历史遗迹地点。

历史名胜教学是教师将国家公园中的历史文化资源作为教学载体进行教学

的一种方式。教师在备课过程中，可以使用国家公园和国家史迹名录中的历史资源来丰富历史、社会研究、地理和其他科目。同时，国家公园管理局还设计了各种产品和活动，帮助教师将历史名胜带入课堂。

远程学习模块为教师提供了将考古学带入课堂的方法。视频会议允许学生们直接与考古学家和博物馆工作人员互动，更深度地了解考古的相关内容。

除此之外，国家公园管理局还为教师提供了专业发展课程，帮助教师通过考古学培养相关教学技能。该课程帮助学生了解什么是考古学，考古学家做了什么，以及考古学家如何使用证据来了解过去。类似的课程有利于帮助学生提升分析能力、阅读能力、写作能力、团队合作能力，以及解决问题的能力和批判性思维。

第二节　博物馆

一、博物馆管理计划

博物馆管理计划（Museum Management Plan，MMP）是国家文化资源管理和伙伴关系计划中心的一部分，该计划为公园资源提供支持，并为华盛顿特区的文化资源、伙伴关系和科学办事处提供政策建议。博物馆管理计划制定管理博物馆藏品的服务范围政策、标准和程序，为国家公园管理局提供博物馆藏品的获取、记录、保存、保护、使用和处置等相关的建议，并提供技术援助和专业发展。

该计划的主要功能有五个方面：一是政策指导和计划策略，包含政策和程序的制定和审查、战略规划、制定馆藏管理政策并协调资金，以及一般性的公园规划审查；二是技术信息和协助，内容包含技术信息的出版和传播、博物馆用品和设备的产品研究和采购协助、管理信息交换所服务、华盛顿办公室艺术收藏品的管理；三是信息管理，主要有数据收集和分析、开发和支持自动化馆藏管理系统、维护国家公园管理局国家目录的电子和纸质档案；四是发展公共关系，主要有营销策略和公共关系发展、与媒体合作、促进遗产教育和公众获取藏品信息、伙伴关系发展、回应公众询问，以及与国家和国际专业组织、政府、媒体和合作伙伴联络；五是提供专业发展，包括培训需求分析和课程开发、专业发展和人员配备战略规划和计划，以及通过各种媒体发布博物馆管理的相关新闻和培训公告。

二、博物馆的利用

国家公园管理局博物馆的收藏品是美国自然和文化遗产的一部分，是为公共利益而收集、保存和解释的资源，同时也是教育工作者、学生、研究人员、公园管理者、公园邻居和普通公众的关键资源。国家公园管理局的管理政策为该局履行其对这些博物馆收藏的责任奠定了基础。

国家公园管理局博物馆的绝大多数藏品要么来自公园内，要么来自与公园密切相关的地区。国家公园管理局博物馆的一个显著特点是，所有该体系中所有的博物馆形成了一个巨大的博物馆系统，范围遍布全国，收藏的规模有 100 件到 600 万件不等。每一个博物馆都是这个系统的一部分，该系统的范围比大多数公共或私人博物馆更广泛，是美国规模最大的博物馆系统。

国家公园管理局的博物馆（及其收藏品）主要帮助公园游客了解国家、提高人文学科和科学领域的知识、为国家公园管理局经理、科学家和其他研究人员提供基础数据、保存公园资源的科学和历史文件。

除此之外，国家公园管理局的博物馆还为科学家、历史学家、考古学家、人类学家和其他专家提供研究机会。公园和其他机构每年都会产出相关出版物，关于国家公园管理局博物馆物品的照片和描述都会出现在文章、书籍和其他出版物中。

第三节　国家步道

美国前内政部长斯图尔特 · 尤德尔说:“国家步道是通往大自然秘密美景的门户，是通往过去的门户，是通往孤独和社区的途径，这也是了解民族性格的途径。我们的小径既不可抗拒，也不可或缺。” 斯图尔特 · 尤德尔的观点反映出美国的步道系统对于国家的意义。美国国家步道系统满足了不断增长的人口的户外休闲需求，也保障了公众旅行、享受和欣赏美国的户外区域和历史资源的权利。

1968 年,《国家步道体系法案》颁布，开启美国长程步道体系化、制度化建设的时期。在初版法案中，步道体系包括国家风景步道（National Scenic Trails，NST）、国家休闲步道（National Recreation Trails，NRT ）以及连接和附属步道（Connecting or Side Trails）三种类型。10 年后,《1978 年国家公园和娱乐法》(The National Park and Recreation Act of 1978）颁布，揭示了民众对于历史性休闲游憩的需求，修订了 1968 年颁布的《国家步道体系法案》。通过法案的修订，国家历史步道（National Historic Trails，NHT）成为美国国家步道的第四种类型，国家步道系统促进了步道的发展和可观赏性，同时鼓励更多的公众了解步道。该系统包括国家风景步道、国家历史步道和国家休闲步道，其中国家历史步道被包含在文化类国家公园体系中。

国家历史步道是尽可能地，并且现实可行地遵循古道原址或具有国家历史意义的线路设置的长程步道。建立国家史迹步道旨在识别和保护具有历史意义的线路及其历史遗迹和文物，并使公众使用和享有这些线路、遗迹和文物。这些国家历史步道描绘了美国多元化历史丰富多彩的画面，沿着延续了美国历史上探索、迁徙、斗争、贸易和军事行动的路线。 国家历史步道提供了通过历史遗迹、兴趣点、步道段和水道重新追溯这些历史事件的机会。目前，美国主要有 20 条国家历史步道（见表 3-2）。

表 3-2　国家历史步道

名称	长度（公里）
阿拉卡哈凯	282
加州	9012
约翰·史密斯·切萨皮克船长	4828
奇尔库特	27
埃尔卡米诺雷亚尔德洛斯特哈斯	4184
埃尔卡米诺皇家德蒂拉阿登特罗	650

续表

名称	长度（公里）
伊蒂塔罗德	3862
胡安·包蒂斯塔·德·安扎	1931
刘易斯和克拉克	7886
摩门教先驱	2092
内兹帕斯	1883
古西班牙语	4345
俄勒冈州	3492
越山胜利	531
小马快递	3219
圣菲	1936
塞尔玛飞往蒙哥马利	87
星条旗	901
眼泪的轨迹	8119
华盛顿－罗尚博	1127

第四节　历史名胜教学

一、简介

历史名胜教学（Teaching With Historic Places，TWHP）向公众提供教学工具和课程计划，帮助教育工作者让年轻人参与到解释与学习美国多样化历史的进程当中。国家公园管理局的国家史迹名录中的历史名胜使历史、社会研究、地理、和其他学科的知识重现活力。

二、教学内容

历史名胜教学提供一系列 16 个课程计划，这些计划基于历史遗迹来探索美国历史。教学内容可根据主题、时间段和地区进行分类。

以主题进行划分的课程计划共涵盖 18 个主题，分别基于不同的历史名胜。包括但不限于以非裔美国人历史为主题的非洲墓地国家纪念碑，以亚裔美国人和太平洋岛民的历史为主题的加州早期亚洲移民避风港，以劳工历史为主题的马萨诸塞州洛厄尔的布特棉纺厂，以军事与战时历史为主题的美国空军学院。

以时间段进行划分的课程计划跨越了 8 个时间段（见表 3-3）。

表 3-3　以时间段进行划分的课程计划

时间段	内容概括	举例
早期土著	美洲土著是对南美洲和北美洲所有原住民的总称，并非单指某一个民族或种族。由于西方殖民者对美洲原住民及其文化的迫害和毁灭，致使残存的古代文明材料已经不多。不过，有关美洲原住民的研究越来越引起考古界的关注，而且在许多美洲国家美洲原住民的地位也有了显著的提高。	旧摩门教堡垒 大基维拉：普韦布洛印第安村庄的文化融合
殖民时期	16—18 世纪欧洲列强纷纷在北美建立殖民地。法国人建立了新法兰西；西班牙人建立了新西班牙。从 1607 年到 1733 年，英国殖民者先后在北美洲东岸建立了十三个殖民地。	华盛顿纪念碑 圣胡安老城堡垒
早期联邦时期	于 1775 年 4 月在莱克星顿和康科特打响“莱克星顿的枪声”揭开美国独立战争的前奏。后来，这些殖民地便成为美国北美独立十三州最初的十三个州。	迪凯特之家 阿勒格尼波蒂奇铁路
19 世纪中叶	19 世纪中叶的美国先是“西进运动”。然后资本主义工商业经济发展迅速，由此引发了南北战争。	阿勒格尼波蒂奇铁路：发展运输技术 布莱斯峡谷国家公园
镀金时代（进步时代）	在镀金时代，商人们从新经济中获得了巨额利润。有权势的大亨们组成了庞大的托拉斯，垄断了需求量很大的商品的生产。	北卡罗来纳州罗利教皇之家 希尔兹 – 埃斯里奇农场

续表

时间段	内容概括	举例
20 世纪初	美国开始了以电力革命和内燃机革命为标志的科技革命，以世界当时的最高水平完成了近代工业化，成为世界上最大的工业大国。	罗森瓦尔德学校 弗洛伊德·贝内特球场
20 世纪中叶	美国经济急转直下，社会贫富阶级分化严重。	从坎特伯雷到小石城 玛丽·麦克劳德·白求恩议会大厦
20 世纪末	苏联解体后，苏美对抗不再存在。	民兵导弹国家历史遗址 美国空军学院

以地区划分的课程计划通常按照州划分，限于篇幅，在此处不进行展示。

三、教学方式

历史名胜教学计划的教学方式主要分为课堂教学、通过寻访历史名胜探索美国历史、参加社区活动等方式。

（一）课堂教学

教师可前往国家公园管理局网站按照主题、时间段、州的分类寻找并下载教案，随后在课堂进行教学。教案的主题、时间段都十分丰富，基本涵盖了教师所寻找的一切。教案包含：简介、课程材料（地图、阅读材料、视觉证据）、课后活动、它适合课程的地方（目标和标准）以及更多资源，教师可直接根据教案内容进行教学。

（二）基于地点的教育

历史名胜、建筑物、地区和景观可以作为教师的研究场所。学习历史名胜可以了解到特定时间段、人物和事件方面的更多线索，帮助学生想象在那个地方、那个时间、那个人的生活是什么样的。历史地图、照片、绘画和素描让学生可视化体验到过去历史社区的生活方式、习俗、服饰、家具、交通方式、地形、定居模式等。

与历史名胜相关的原始文件可以为许多关于过去的重要问题提供答案。接触与真实历史地点相关的各种形式的材料可以吸引学生的兴趣，而仅靠教科书可能无法做到这一点。

四、具体项目

（一）每个课堂的森林计划

每个课堂的森林计划（Forest for Every Classroom，FFEC）是佛蒙特州一项提供给教师的专业发展计划，是一项基于地点的教学项目，面向所有学科的教师，提供刺激的体验，旨在改善教师的思想和对教学的热情。教育工作者可以从该州一些自然资源专业人士那里学习如何欣赏和教授佛蒙特州的风景，并与之探讨如何利用基于地点进行学习和教学。

（二）好邻居计划

好邻居计划是马萨诸塞州的一项历史名胜教学计划，通过一系列精心安排的动手活动将学习带入生活，利用“人民公园”的主题重点，帮助学生利用语言艺术、科学、艺术、数学和社会研究的知识和技能解决现实世界的问题。这种综合方法吸引了所有学习者，并为获取和应用高阶思维提供了机会。

参与的学生能够了解为什么公园对人们很重要，并开始想象自己在照顾和管理这些特殊景观。

（三）青年峰会

青年峰会通过提供参与社区历史、历史保护和遗产旅游相关的活动，使中学生、教育工作者和社区领袖受益。这些活动鼓励年轻人参与其中，为资深保护主义者提供了新鲜视角。

第五节　户外休闲

一、河流、步道保护援助计划

河流、步道保护援助计划（Rivers，Trails Conservation Assistance，RTCA）支持美国各地由地方机构领导的保护项目和户外娱乐项目，协助社区和公共土地管理者开发或恢复公园、保护区、河流和野生动物栖息地，并创造户外娱乐机会，让后代更好地参与户外活动。该计划与其他计划不同，其并不提供财政援助或赠款，而是提供专业服务，帮助他人实现完成保护项目和户外休闲项目的愿景。通过该计划相应的申请流程，社区团体、非营利组织、地方部落政府、国家公园以及地方、州和联邦机构可以申请技术援助。

二、计划运作机制

（一）社区援助项目

社区援助项目将帮助 350 多个社区和公共土地管理机构制定气候适应战略，开发或恢复公园、保护区、河流和野生动物栖息地，并创造户外休闲机会和计划，让后代参与户外活动。

目前，该计划已经在多个州开展了多个项目并获得了一定成效。水貂走廊自行车线路开发项目的目标是通过在艾奥瓦州、堪萨斯州、密苏里州和内布拉斯加州四个州建立近期和长期的多州自行车旅游线路，以提高奥马哈和堪萨斯城之间的密苏里河走廊的地理旅游机会。国家公园管理局将协助并协调以州为中心的规划和资源，以实现协调、合作的努力。

里奇菲尔德遗产保护区项目的目标是让社区成员和区域合作伙伴参与改造一个占地 136 公倾的前女童子军营地，改善和连接小径。国家公园管理局将与里奇菲尔德联合娱乐区合作，重新改造最近获得的前女童子军营地，并促进社区会议，以参与和发展对公园重建的支持。国家公园管理局还将帮助召集各种

各样的区域合作伙伴，以探索和制定规划。最后，国家公园管理局将连接通往公园小径的本地和社区，并评估现有小径的条件和使用情况。

（二）建设健康社区

1. 建设公园系统

河流、步道保护援助计划致力于建立新公园或修复旧公园，从而形成开放空间网络，以满足当今的公共需求。

相关项目包括两个：其一，在白令海建立一个社区公园，通过与社区、邻近的学校和部落政府合作，规划利用使用率低的空间。在实地考察和设计阶段，列出项目的目标、设计指导方针、资源和资金机会、地形。在实施阶段，参考以上计划来恢复棒球场并创造一个多样化的户外娱乐空间。其二与麦都山部落合作开发一个致力于教育、疗愈和保护的文化公园，并与美国景观设计师协会合作，支持麦都山部落开发公园入口的规划，确保公众进入步道网络的机会，保护特殊的文化遗址，开发一个 16 公倾的游客区，同时改善黄溪露营地。

2. 创建步道网络

河流、步道保护援助计划与各合作伙伴合作，创建了一个由地方、区域和国家步道组成的系统，以提供各种户外娱乐机会并改善社区健康。

相关项目包括两个：一是建设两州间 570 公里的步道网络河流，与 30 多个地方、地区、州和联邦合作伙伴合作，开展规划研讨会，以收集当地社区对步道的想法和建议，连接城镇之间现有和潜在的小径。二是与县官员和社区团体合作，将金斯敦与更广泛的步道网络连接起来。此外，河流、步道保护援助计划还制定了社区参与战略，并协助制订了一项管理计划，以管理未完成的步道部分。

3. 开发社区健康计划

河流、步道保护援助计划通过开发改善居民身心健康的计划和公园，为缺乏户外娱乐机会的社区提供支持。

首先，是将健康纳入户外康乐计划，河流、步道保护援助计划通过国家卫生服务中心和疾病控制和预防中心之间的合作编书，指导公众如何实现社区卫生目标。帮助社区扩大户外娱乐机会和设计公园，促进体育活动，支持心理健康，促进社会互动并提供环境效益。

其次，是制订一个公园的计划，如西北部休闲组织与河流、步道保护援助计划合作开发了一个社区项目，让更多的人走出家门，在他们的公园和小径上活跃起来。该计划还让居民、医疗保健提供者、公园和土地管理者参与评估当地健康需求、发展社区愿景，并清点公园和户外的娱乐机会。

4. 制定减缓气候变化战略

河流、步道保护援助计划帮助社区制定减缓气候变化的战略，以便在严重的风暴和火灾后更好地蓬勃发展。目前，该计划援助了全国 29 个社区，恢复了 58 个公园和户外娱乐设施，并制定了气候适应战略，并与联邦紧急事务管理局合作，继续调整恢复工作，聚焦于恢复工作的可持续性和复原力。

5. 重置土地

河流、步道保护援助计划与地方政府和非营利组织合作，将空置和废弃的土地重新利用为公园，社区花园和共享开放空间，以帮助改善居民的生活质量。

现有项目包括两个：一是在环境保护署棕地和土地振兴办公室资助下，协助建立了第一个非营利组织“劳伦斯基础”，推动了一项社区规划工作，使该社区修建了斯皮克特河绿道，连接了多个社区、学校和社区中心。二是致力于改造社区公园，该计划进行了在线调查，开展了利益相关者会议于公众开放日来获取公众意见。这些意见促成了公园复兴计划的创建，如秋千和滑梯，结合岩石，原木和木片，以鼓励孩子们更多地接触该地区的自然遗产。

（三）保护土地和水域

1. 探索国家水道

河流、步道保护援助计划提供规划援助，以提升公众对离家较近的河流和水道的访问率和使用率。

河流、步道保护援助计划与田纳西大学和田纳西流域管理局合作，确定了新的项目合作伙伴和资金资源，并协助制订了一项战略计划。该计划还与公园和区域社区合作伙伴合作，绘制了河流地图，识别了河流潜在的危险区域，确定了 145 公里水路的入口。为了推广水资源娱乐与休闲利用，该计划举办了社区参与活动，创建了一个网站，开发社交媒体，并协助成立凯霍加河水上小径合作伙伴。

2. 帮助社区构建文化联系

河流、步道保护援助计划与社区合作，保护社区的土地和水域，创造纪念他们遗产的空间，并邀请外界来了解他们的历史和文化。

如莫比尔县培训学校校友会与河流、步道保护援助计划帮助非洲镇创建了一条水上小径。大都会规划委员会与河流、步道保护援助计划帮助合作伙伴制定战略目标，促进与利益相关者和地方政府实体的对话，并确定潜在的融资机会。将居民与城市的文化历史和河流娱乐机会联系起来。

3. 协助社区适应气候变化

河流、步道保护援助计划与社区合作，整合生态系统服务和绿色基础设施解决方案，以减轻风暴和极端高温事件的影响。

河流、步道保护援助制定了一个总体规划，其中包括一个 4 公倾的湿地池塘，该湿地池塘将作为雨水过滤和吸收系统，同时提供钓鱼、划独木舟和皮划艇等娱乐机会。该规划的其他建设内容包括自然小径、野餐区、解说标志、户外娱乐设施和连接的自行车道系统。

4. 制定地方和区域保护战略

河流、步道保护援助计划与合作伙伴合作，扩大保护网络，制定土地保护战略并恢复受损的生态系统。该计划与美国景观设计师协会合作，举行了公共会议，以确定社区的想法，并为休闲爱好者提供资源，为候鸟栖息地提供设计想法。

5. 恢复河流的自然系统

河流、步道保护援助计划促进技术专家的合作，以实施恢复河流和河岸地区的战略。

河流、步道保护援助计划与当地和机构合作伙伴共同制定了恢复小溪的战略。在美国鱼类和野生动物管理局、国家海洋和大气管理局、社区志愿者和其他资助者的支持下，受援助的小溪恢复了原来的河道形态和坡度，使鲑鱼能够进入传统的产卵和饲养区。

6. 开发公平的户外娱乐机会

河流、步道保护援助计划与各合作伙伴合作，开发公平的户外娱乐机会。该计划为萨鲁达河蓝路的建设提供援助，协助绘制了河流和接入点的地图，制定划桨指南，并与当地合作伙伴和投资于河流的电力公司合作。

（四）组织能力提升

1. 协作服务

河流、步道保护援助计划将相关的各方聚集在一起，提供协作，实现共同目标。同时促进在保护和户外娱乐项目的规划和实施方面的合作。具体表现为该计划帮东塞拉利昂制定和实施与可持续娱乐和旅游、气候适应能力有关的战略，并支持游客服务。

2. 组织发展

为了加强各组织的能力，河流、步道保护援助计划协助合作伙伴和联盟进行组织发展，建立其管理、保护户外娱乐成果的能力。如河流、步道保护援助计划为拉丁裔社区建立了一个全国性的户外娱乐网络，所有拉丁裔社区都能在户外场所分享知识、培养领导力和管理能力。

（五）公共土地合作

1. 支持国家公园及其门户社区

该计划支持公园及其门户社区，同时促进公园与当地社区之间共同目标的实施。河流、步道保护援助计划帮助开发了睡熊沙丘遗产步道，这是一条44公里长的、无障碍的多用途步道，将格伦阿伯和帝国社区与公园内的旅游景点连接起来。此外，该计划获得了交通补助，推动小径建设。

2. 州和联邦土地

河流、步道保护援助计划与部落政府以及州和联邦土地管理者合作开展保育和户外娱乐项目。该计划与阿拉斯加步道公司合作，制定了一个全州范围的规划流程与投资战略，促进了当地社区、组织和土地管理机构，包括国家公园管理局的参与。同时，共同帮助合作伙伴解决技术和土地使用问题。

（六）吸引青少年

1. 青年发展项目

河流、步道保护援助计划致力于让下一代参与美国户外活动，帮助非营利组织为青年制定管理、环境教育和户外技能培养计划。具体表现为与安克雷奇户外学校合作，一起在楚加奇国家森林的波蒂奇山谷学习中心设计并实施了一项教育计划，该中心以鲑鱼洄游、山间清流、湖泊、冰川和常绿森林而闻名。在那里，学生们与来自不同土地管理机构和组织的自然资源专业人士并肩学习。除此之外，青少年步道与该项目帮助缅因州开发类似项目，为近 40 所高中建立了郊游俱乐部，吸引了数百名学生。

2. 青年管理

河流、步道保护援助计划致力于让当地青年参与保育和户外娱乐项目的规划和发展，作为社区参与过程的一部分。

第四章

美国文化类国家公园的法律制度

第一节　文化类国家公园法律法规体系

一、法律

（一）法律体系与立法机构

1. 法律体系

美国国家公园管理体系的逐步完善一直伴随着国家公园相关法律的出台，法律是国家公园管理过程中的主要依据与手段。美国文化类国家公园法律体系依托于美国的法律体系：宪法（Constitution）、成文法（Statute）、习惯法（Common Law）、行政命令（Executive Orders）和部门法规（Regulations）。宪法是所有法律的基础，国家公园的所有法律均来自宪法中的“财产条款（Property Clause）”，即美国国会有权“制定规则以统辖和管制（联邦）土地”。国家公园相关法律绝大多数以成文法的形式由美国国会颁布。

在以国家公园为立法对象的成文法中，1916 年由国会颁布的《国家公园管理局组织法》是国家公园建设中最权威、最基础的法案，它奠定了国家公园的法律基础，宣布了国家公园管理局的成立，明确了建设国家公园的首要目的，同时也表示将全国重要的文化类资源纳入国家公园的保护范围。随后的几十年，国家公园种类增多，许多国家公园单位的授权已经与 1916 年颁布的《国家公园管理局组织法》相矛盾。1970 年，国会颁布了《国家公园管理局组织法》的修正案，明确了国家公园体系的概念，并将可以体现美国精神和国家认同的自然类、历史类与娱乐休闲类区域纳入国家公园体系，同时强调这些区域此后应同时遵守国家公园系统的相关立法、授权法与其他针对国家公园的立法。1978 年，国会再次修正《国家公园管理局组织法》，再次强调国家公园体系的发展与相关规则的制定应该与 1916 年《国家公园管理局组织法》明确的目的相一致。

授权法（Enabling Legislation）是数量最为庞大的国家公园立法，也属于成文法。每个国家公园单位在其建立时会通过国会颁布的法案或根据 1906 年《古物法》（The 1906 Antiquities Act）由美国总统宣布成为国家公园体系的一个单位，这些文书通常被称为该国家公园单位的授权法。授权法规定了该国家公园单位的目的、边界。根据 1916 年的《国家公园管理局组织法》以及随后通过的修正案，国家公园管理局必须根据其授权法来管理每个国家公园单位。

针对国家公园的成文法数量十分庞大，构成了美国国家公园管理体系的重要保障，这些永久性成文法全部被汇编入《美国法典》（United States Code，USC），对国家公园体系的保护、管理、利用起着重要的指导与约束作用。

除此之外，总统基于宪法或法规赋予的权力，可以通过发布行政命令管理政府行政部门的运作，由此对国家公园管理局的相关工作进行指导。尽管在一定意义上来说，行政命令不属于法律，但仍然具备法律效力。总统签署行政命令后，白宫将其发送给联邦公报办公室（Office of the Federal Register，OFR）。该办公室负责对每项命令进行连续编号，并在收到后不久在每日的《联邦公报》上公布。在历史上，多位总统都针对国家公园管理局签署过行政命令。

2. 立法机构与程序

国家公园相关法律由国会与总统确立，国家公园管理局立法和国会事务委员会（The National Park Service Office of Legislative and Congressional Affairs）负责制定和实施战略，推动国家公园管理局的立法倡议。首先由国会成员提请国家公园相关的立法议案，议案经国会上议院与众议院通过后，上呈至总统，总统可以给出同意或否决，如果否决，议案会返回国会，需要国会 2/3 票数通过，议案才最终成为新法律（法案）。在此立法过程中，国家公园管理局立法和国会事务委员会会选择国家公园管理局的工作人员、其他机构相关人员、科学家等参与拟议立法的听证会，或是关于国家公园管理局特定项目领域的监督听证会，在听证会上提出立法倡议。

（二）《美国法典》

美国国家公园法律体系经过近 160 年的发展，数量十分庞大，绝大多数针对国家公园的一般性与永久性成文法均由法律修订委员会办公室汇编入《美国法典》。《美国法典》包含了美国的一般性和永久性成文法，根据主题被划分为 54 个章节，其中第 16 编包含国家公园相关法律，第 54 编以国家公园为主题。

《美国法典》（United States Code，USC）第 16 编主题为保护，下属共 101 章，包含了所有与保护地和保护资源的相关法案。第 1 章主题为“国家公园、军事公园、古迹与海滨（National Parks，Military Parks，Monuments and Seashores）”，下属共 143 分章，包含了所有国家公园单位的相关授权法。其他章节所包含的法案并非是以国家公园为专门立法对象的法律，但仍然指导着国家公园管理局对具有国家特色的资源进行管理，部分法案成为国家公园管理局管理过程中需遵循的重要条款，如第 1A 章中的《国家历史保护法》（National Historic Preservation Act），指导着国家公园管理局在管理中对文化与历史文化遗产的保护。表 4-1 中整理了第 16 编中与美国文化类国家公园直接相关的章节。

表 4-1 《美国法典》第 16 编文化类国家公园相关章节

章节	主题
1	国家公园、军事公园、古迹与海滨（National Parks，Military Parks，Monuments，and Seashores）
1A	历史遗迹、建筑物、物件与古物（Historic Sites，Buildings，Objects，and Antiquities）
1B	考古资源保护（Archeological Resources Protection）
22	国际公园（International Parks）
27	国家步道系统（National Trails System）
66	“以美国为荣”项目（Take pride in America Program）
74	国家海上遗址（National Maritime Heritage）
79	国家公园管理局管理（National Park Service Management）
91	国家景观保护系统（National Landscape Conservation System）

资料来源：法律修订委员会办公室《美国法典》官网

《美国法典》中第 54 编按照时间顺序收编了以国家公园为立法对象的相关法案，共分为 3 个分编（Subtitle），各分编下将章节（Chapter）以不同部分（Division）划分。第 1 分编主题为国家公园体系（National Park System），收集了国家公园体系建立和管理过程中颁布的一系列法案，包含了国家公园体系建立与人员任命、资源管理、教育与解释工作、捐款、员工、交通、特许经营权、土地转让等相关法案，国家公园管理局后续制定了一系列的法规对这些法案进行了解释工作，大部分普适性法规的授权法案均来自第 1 分编；除此之外，该分编还罗列了国家公园体系中的国家公园单位与附属区域（见表 4-2）。第 2 分编主题为户外娱乐项目（Outdoor Recreation Programs），包含了项目协调、土地和水保护基金、国家公园和公共土地遗产恢复基金，以及城市公园和娱乐恢复计划四大主题。第 3 分编主题为国家保护项目（National Conservation Programs），包含了三部分，分别为历史保护、组织与项目、美国古物，主要为文化遗产保护类相关立法，其中一些立法将在第三节中呈现。下文将节选《美国法典》第 54 编中与历史和文化类资源相关的章节（见表 4-3）。

表 4-2 《美国法典》第 54 编第 1 分编

部分	章节	主题
A	1001	总则（General Provisions）
	1003	建立、局长与员工（Establishment，Directors，and Other Empoyees）
	1005	国家公园体系的区域（Areas of National Park System）
	1007	资源管理（Resource Management）
	1008	教育和解释（Education and Interpretation）
	1009	行政部门（Administration）
	1011	捐赠（Donations）
	1013	员工（Employees）
	1015	交通（Employees）
	1017	财务协议（Financial Agreements）
	1019	特许经营和商业使用授权（Concessions and Commercial Use Authorizations）
	1021	特权和租约（Privileges and Leases）
	1023	项目和组织（Programs and Organizations）
	1025	博物馆（Museums）
	1027	执法和紧急援助（Law Enforcement and Emergency Assistance）
	1029	土地转让（Land Transfers）
	1031	拨款和核算（Appropriations and Accounting）
	1033	国家军事公园（National Military Parks）
	1035	国家公园百年挑战基金（National Park Centennial Challenge Fund）
	1049	杂项（Miscellaneous）
B	—	体系单位和相关区域（System Units and Related Areas）

资料来源：法律修订委员会办公室《美国法典》官网

表 4-3 《美国法典》第 54 编第 3 分编

部分	章节	主题
A	3001	政策（Policy）
	3002	定义（Definitions）
	3021	国家历史遗迹名录（National Register of Historic Places）
	3023	州历史保护计划（State Historic Preservation Programs）
	3025	地方政府认证（Certification of Local Governments）
	3027	印第安部落和夏威夷土著组织的历史保护计划与授权（Historic Preservation Programs and Authorities for Indian Tribes and Native Hawaiian Organizations）
	3029	（历史保护项目）拨款（Grants）
	3031	历史保护基金（Historic Preservation Fund）
	3039	杂项（Miscellaneous）
	3041	历史保护咨询委员会（Advisory Council on Historic Preservation）
	3051	历史灯塔保护（Historic Light Station Preservation）
	3053	国家保存技术和培训中心（National Center for Preservation Technology and Training）
	3055	国家建筑博物馆（National Building Museum）
	3061	项目责任与授权（Program Responsibilities and Authorities）
	3071	杂项（Miscellaneous）
B	3081	美国战场保护计划（American Battlefield Protection Program）
	3083	国家地下铁道自由网络（National Underground Railroad Network to Freedom）
	3084	非裔美国人民权网站（African American Civil Rights Network）
	3085	全国女性权利历史项目（National Women's Rights History Project）
	3087	国家海上遗址（National Maritime Heritage）
	3089	“拯救美国宝藏”计划（Save America's Treasures Program）
	3091	纪念前总统项目（Commemoration of Former Presidents）
	3111	保护美国计划（Preserve America Program）

续表

部分	章节	主题
B	3121	美国国家历史保护信托基金（National Trust for Historic Preservation in the United States）
	3123	美国海外遗产保护委员会（Commission for the Preservation of America's Heritage Abroad）
	3125	历史与考古资料保存（Preservation of Historical and Archeological Data）
C	3201	政策和行政规定（Policy and Administrative Provisions）
	3203	古迹、废墟、遗址和物品（Monuments，Ruins，Sites，and Objects of Antiquity）

资料来源：法律修订委员会办公室《美国法典》官网

二、政策

国家公园管理局建立了政策与指令系统（National Park Service policy and Directives System），包含了适用于国家公园体系的相关政策、局长指令，并规定了政策文件的类型与实施政策的程序。国家公园管理局所制定的政策是一个指导性的原则或程序，为管理决策制定框架并提供方向，以宪法、公法、行政公告、上级部门的法规和指令作为制定依据，目的是改善其内部管理，但政策并不是可执行的法律工具，仍然需要依靠法规来进行执行。政策可以是一般性的，也可以是具体的，主要作用是规定决策的过程，确定如何完成一项行动或要实现的结果。国家公园管理局管理政策的相关出版物是国家公园管理局政策的主要来源，目前国家公园体系遵循的是在2006年8月批准的《管理政策2006》（Management Policies 2006），其中的政策反映了国家公园管理局的管理理念，并且适用于整个国家公园体系，局长的相关指令则可以对《管理政策》进行补充与修正。

（一）制定主体

1916年，国会通过的《国家公园管理局组织法》授权国家公园管理局对国家公园进行管理，并授权其制定相关的管理政策。国家公园管理局内部可以制定政策的主体分为由上至下三层：局长——区域总监或副总监——园长。一般来说，只有局长可以制定全局性的政策，适用于整个国家公园体系；区域总监与副总监则可以制定补充政策，发布指示、指令以及其他符合全局政策的区域性指南；每个公园园长在各自区域总监的授权下，可以发布针对单个公园的指示、程序、指令以及其他指南，例如，某个公园单位的运作时间、季节性开放日期。

在国家公园管理局外部，仍然存在一部分位于局长级别以上的主体可以制定适用于体系的政策。国会可以在通过适用于国家公园管理局的法律时制定相关政策。早在 1916 年国会通过《国家公园管理局组织法》时，国会就为国家公园管理局制定了一系列政策，这些政策主要是强调国家公园设立的目的，并且作为未来制定政策的范例，告诉国家公园管理局要以“这样的方式和方法”为人们提供享受公园的机会与经历。国会还有权制定关于特定主题的政策，例如特许经营权管理、保护野生动物和风景河流等。在某些国家公园单位的授权立法中，国会也会讲具体的政策纳入其中，这些具体的政策可能与其他国家公园单位不同，比如，国会已经批准了在一部分公园单位中的打猎活动，这一向在公园单位内是不被允许的。除此之外，国会还制定了一些政策用于管理国家公园管理局下的许多项目活动，以加强对自然和文化资源的保护。与国家公园管理局制定的政策相比，国会所制定的政策具有广泛性，显得过于笼统，通常没有具体说明如何达到最终的结果。因此在《国家公园管理局组织法》中，国会授权国家公园管理局可以制定更详细的政策来实施国会制定的总体性政策。其余主体还包括总统、内政部长、鱼类和野生动物及公园（Fish and Wildlife and Parks，FWS）的助理部长。

（二）三级指令系统

国家公园管理局局长于 1996 年 8 月 28 日发布 1 号局长令（Director's Order#1）建立了三级指令系统（The 3-level Directives System）。对政策文件的类型做出了要求，明确系统包含三个层级的文件，为国家公园管理局的管理者和工作人员提供了政策指南以及建议的程序，是局长向员工传达政策、指示和要求的主要途径。该系统建立的目的除了向员工传达政策要求外，还包括职权授予和任务分配，以及向国家公园管理局外的相关人员告知国家公园管理局的政策，同时为员工和公众提供参与政策制定过程的机会。

第一级为国家公园管理局政策出版物——《管理政策》，目前所使用的版本是2006版。该文件中所包含的政策适用于国家公园体系全局，设定了管理工作的框架与方向，并且提供了基础政策。《管理政策》会在适当的时间进行审查和修订，目的是整合新的或已更新的全局性政策，或者产生了对新法律与技术、对公园资源和影响它们的因素的新理解，或者对公园管理有影响的社会变化做出反应。在正式修订或更新之前，《管理政策》可以通过局长令进行修正。

第二级文件为局长令（Director's Orders），它对第一级的政策做出了更详细的解释，进行具体权力和责任的授予，特殊情况下会在《管理政策》出版的前后临时添加新政策或者对政策进行修改。局长令的受众群体是国家公园内部的园长和工作人员，对于他们来说，局长令是重要政策文件的执行摘要。

第三级是参考手册、手册和其他相关的材料，包含支持项目运作和区域管理的全面信息，是国家公园管理人员获取信息，用以支持现场和项目运作的主要工具，一般作为局长令和《管理政策》的补充和从属。内容方面，第三级材料没有任何的限制和约束，可以包含下列内容：相关法律、法规、政策和程序要求；相关术语和定义的词汇表；如何有效开展工作的建议；可供参考的成功案例；相关信息来源的链接。除此之外，这类文件还让使用该文件的人明确区分哪些内容是强制性与必要性的，哪些内容只是建议性的。除了局长授权，负责发布第三级文件的禁止超越上两级的任何要求。

除此之外，该指令系统还存在一类文件——政策备忘录（Policy Memoranda）。相对简单或者紧急的政策可以由局长签署作为政策备忘录发布，是否需要对政策备忘录进行全局或者公众审查，将根据具体情况决定。如果发布的政策备忘录与现有的或拟议的局长令相关，该备忘录将明确局长令，并且可能最后被纳入该局长令中。

三级指令系统旨在反映国家公园管理局的组织价值，最高效地授权给指定负责人与工作人员，实现团队合作；同时，规范化的文书体系也减少了整体的文书工作，使国家公园内部的管理工作效率最大化。国家公园管理局相关政策的制定与出台全部遵循三级指令系统。

（三）制定程序

政策的制定通常存在两种情形：一是对一个未预料到的问题或议题突然而紧急的反应；二是一个议题经由缓慢的讨论、演变过程而最终确定成为新的政策。国家公园管理局以及对国家公园管理局如何管理公园充满兴趣的人或组织都对这些议题保持高度的关注。

一级文件，即《管理政策》，该文件的内容是由多年的实地经验形成的，并且与适用的法律、行政命令、法规相一致，所以它在出版后并不需要经常重新制定。一般来说，每十年重新进行《管理政策》发布就足够。如果国家公园管理局的管理人员如果认为有必要进行修订或修正，应与政策办公室协调，以确定是否可以通过局长令或其他方式来完成变化，或者是否可以在不改变现有政策的情况下实现计划。在重新制定《管理政策》一般需要经过多重的严格审查，在国家公园管理局制定一级文件的工作组会前往现场进行广泛的实地审查，并与国家领导委员会（National Leadership Council，NCL）协商。以上审查均进行过后，工作组将获得局长批准，之后需要再经过为期几年的内部审查，才能最终将《管理政策》发布。

二级文件的制定由项目发起的办公室或相关区域指定的相关工作人员负责。该负责人将与国家公园管理局政策办公室（The Office of Policy）对项目的政策制定进行详细的商讨，出具一份“必要性说明”供多方审查，最终局长参考审查意见，决定是否批准。文件草案会由负责人依据多方审查意见进行修改，由国家领导委员会进行两轮的审查，批准后，项目原单位可以在《联邦公报》（Federal Register）发布政策颁布通知，并且解释公众意见的处理情况。

与二级文件相比，三级文件更加详细，不仅包含所有与项目相关的法律、法规、政策，也需要为执行项目的工作人员提供详细而生动的执行程序与案例。只要不与全局性政策相冲突，区域主任或副主任可以在授权范围内发布并补充第三级文件，无须进一步审查；公园园长则可以在授权范围内发布公园范围内的文件。如果与全局性政策冲突，那么文件的内容摘要将首先提交给政策办公室，该办公室将分发该摘要，供区域主任、副主任和助理主任以及其他员工审查与评价。副主任、助理主任、区域主任和项目负责人将负责分发受批准的第三级材料，供国家公园管理局全局使用。

在政策制定的整个过程中，公众参与是至关重要的一环。旅游业、娱乐设施制造商、来访的公众等都对自己参与国家公园的管理决策有着强烈的信念与兴趣，《行政程序法》（Administrative Procedure Act）则给予了他们这份权利。各级文件的最终草案在成形的过程中，通常会受到公众的审查与评价，草案负责人需要广泛听取公众意见来制定政策。

三、法规

美国国会经常授权行政分支机构对某些领域进行管理，内政部下的国家公园管理局则被授权对国家公园体系进行管理，由此针对国家公园体系的相关法规诞生。上述国家公园相关法律确定了在国家公园的发展过程中的总纲，而由国家公园管理局制定的法规则是实施法律和制定既定政策的机制，进一步对法律进行了解释与具体化，对国家公园内部进行管理并对人的行为提出了要求与标准。法规与法律同样具备法律效力，违反的行为需要受到罚款或者监禁，但其法律效力相较于法律稍弱。

《联邦法规》（Code of Federal Regulations，CFR）是联邦政府各部门和机构在《联邦公报》上公布的一般性与永久性法规的编纂，分为50编，每编下以机构名称为章节名，收录不同机构颁布的法规，代表受联邦监管的广泛领域。除了纸质版的《联邦法规》，联邦注册办公室与政府出版工作室开发了电子版《联邦法规》网站（eCFR），每日更新。由国家公园管理局发布的针对国家公园体系的相关法规均被收录在第36编“公园、森林和公共财产（Parks，Forests，and Public Property）”的第1章“国家公园管理局，内政部（National Park Service，Department of Interior）”。第1章下共含199个部分，目前第74至第77部分、第88至第199部分仍然保留为空白部分，其余部分的条例均标明了相应的授权法案，规定了国家公园管理局管辖范围内的人员、财产以及自然和文化资源的正确利用、管理、治理与保护，以实现国家公园体系各单位的法定目的。

《职邦法规》网站发布的条例中，第1至第7部分所包含的法规是国家公园管理局用来保存和保护公园的自然和文化资源，以及保护游客和公园财产的基本机制。第 1 至第 6 部分是适用于国家公园体系所有地区的普适性法规，第 7 部分包含了个别公园的特殊规定。这些普适性法规的授权法案大多来自《美国法典》第 54 编的第 1 分编。在这些第 1 至 7 部分的一些小节中，公园园长被授予自由裁量权，以制定针对特定公园的相关规则，满足公园资源或活动、公园计划、项目和公众的特殊需求，最终形成每个国家公园单位实施具体规则的摘要——《园长简编》（Superintendent's Compendium）。

除此之外，其余部分的法规均针对公园内的特殊主题、项目和区域的管理。其中有 10 个部分针对历史文化类遗产的保护与管理（见表 4–4）。

表 4–4　针对历史文化类遗产的法规

部分	标题	主要内容
25	国家军事公园特许导游服务（National Military Parks；Licensed Guide Service Regulations）	为了规范和维持所有国家军事公园的特许导游服务而制定和公布的相关条例；确定了授予许可证的细节程序，并对服务进行监督，确定收费原则、徽章和制服
60	《国家历史遗迹名录》（National Register of Historic Places）	经 1966 年《国家历史保护法》授权，提出制定国家值得保护的历史遗迹的官方名单；可供联邦、州和地方政府、私人团体和公民使用，以确定国家的文化资源，并指出哪些财产应被考虑保护，以免遭到破坏或损害
61	州、部落和地方政府历史保护计划的程序（Procedures for State，Tribal，and Local Government Historic Preservation Programs）	1966 年的《国家历史保护法》规定内政部长批准和监督州、部落和地方政府的联邦历史保护计划。规定了州、部落与地方在实施联邦历史保护计划的程序、标准与准则
63	确定是否符合列入《国家历史遗迹名录》的条件（Determinations of Eligibility for Inclusion in the National Register of Historic Places）	制定条例帮助联邦机构确定和评估列入《国家历史遗迹名录》的财产的资格

续表

部分	标题	主要内容
65	国家历史地标计划（National Historic Landmarks Programs）	确定和指定国家历史地标，鼓励对具有国家代表性的财产进行长期的保护；制定了成为和识别国家历史地标的标准、程序
67	《国内税收法》规定的历史保护认证（Historic Preservation Certifications Under the Internal Revenue Code）	制定了对不同种类历史保护地区实施认证和税收优惠的程序与标准
68	内政部长的历史财产处理标准（The Secretary of the Interior's Standards for the Treatment of Historic Properties）	规定处理历史财产的标准，包括保护、修复、恢复和重建的标准
73	《世界遗产公约》（World Heritage Convention）	对《世界遗产公约》做出解释，规定内政部通过国家公园管理局来指导和协调美国参与并执行《世界遗产公约》的政策的程序
78	放弃《国家历史保护法》第 110 条规定的联邦机构责任（Waiver of Federal Agency Responsibilities Under Section 110 of the National Historic Preservation Act）	经修订的 1966 年《国家历史保护法》第 110 条规定了联邦机构在执行该法案宗旨方面的某些责任；第 110 条授权内政部长颁布条例，根据条例，在发生重大自然灾害或国家安全受到紧迫威胁的情况下，可以全部或部分放弃第 110 节的要求
79	联邦政府拥有或管理的考古收藏品的保护（Curation of Federally Owned or Administered Archeological Collections）	制定了对保护相关考古收藏品的定义、标准、程序与准则

资料来源：电子版《联邦法规》

国家公园管理局颁布的法规主要集中于规范公园内部保护、管理与利用的具体流程。相较于普适性的以“利用”为主要目的的法规，对于文化类国家公园或历史文化类遗产保护与管理的法规更加具体和有针对性，对其实施保护与管理的流程则更加标准化与程序化，使保护与管理的效率得以提高，并充分引起管理人员、游客与相关机构对历史文化类资源的重视。

第二节　美国文化类国家公园法律体系演化

一、研究设计

（一）数据来源

基于美国国会官网、美国国家公园管理局立法和国会事务委员会官网、国会图书馆官网以及美国总统项目官网，对 1951 至 2020 年间的国家公园相关法案、总统公告（Presidential Proclamations）、行政命令、秘书令（Secretary Orders）进行筛选、收集以及系统整理，共收集 1019 份相关法律文件。

（二）研究方法

美国国家公园法律制度演变的研究，一是采用统计方法，对文件进行定量分析；二是采用质性文本分析；三则采用文献分析法，收集与文化类国家公园相关的文献与资料并进行分析。

第一种研究方法是通过对美国文化类国家公园相关法律文件进行收集与筛选，借助统计分析工具对法律文件数量、文件类型与制定主体两个方面进行多元统计分析。

第二种研究方法是采用内容分析法，借鉴扎根理论的编码技术，运用程序化扎根的开放性编码、主轴编码以及选择性编码三个编码流程。运用 Nvivo12 plus 文本分析工具对收集的相关法律文件从管理体制、保护制度两个维度按照时间纵向进行逐段、逐句地开放性编码，通过主轴编码，重组得到的概念形成主范畴。此研究将“管理体制”“保护制度”作为核心范畴，对主轴编码形成的主范畴进行归纳与统合，形成法律文件的编码体系，进而实现对法律体系 70 年演变的分析与阐述。由于该研究是针对美国文化类国家公园开展，因此在人工预读文件标题以及文件内容后剔除了与文化类国家公园无关的文件、无法提供有效信息的文件，最终共获得 1019 份有效文件。部分法律文件只有部分条例与文化类国家公园相关，在编码过程中，仅针对相关的段落进行编码；

由于文件数量众多，在人工预读后部分文件仅对的文件标题进行编码。除此之外，由于所收集的文件并未覆盖国家公园建设的整个时间段，因此还通过阅读其他二手资料，直接获取 1951 年前的相关重要文件进行编码。

第三种研究方法是文献分析法，首先收集大量关于美国国家公园、文化遗产、法律体系研究的学术论文，国内学者具有代表性的观点以及相关文献资料，结合现有的研究成果进行分析，直接获取 1951 年前的重要法律文件，并总结演化过程。

二、研究过程

（一）开放性编码

开放性编码是将原始资料概念化的过程。将资料打散后对每届国会的政策文件文本进行逐字、逐句、逐段编码，将文本概念化和抽象化，逐步得出基本概念。限于篇幅，本文只展示部分开放性编码结果（见表 4–5）。

表 4–5　1951—2020 年期间法律文件文本的开放性编码（部分）

概念	原始语句
保护地役权	The Secretary may not acquire fee title to Hinchliffe Stadium，but may acquire a preservation easement in Hinchliffe Stadium if the Secretary determines that doing so will facilitate resource protection of the stadium.
基金会拨款	To accept funds raised by the Commission for construction of the memorial，and to construct the memorial.
委员会	To establish the Flight 93 Advisory Commission to assist with consideration and formulation of plans for a permanent memorial to the passengers and crew of Flight 93，including its nature，design，and construction.
战场保护	Preservation activities carried out at the battlefields and associated sites identified in the battlefield report during the period between publication of the battlefield report and the report required under this paragraph.
历史保护税收激励	Northwest，known as “Decatur House，” owned by the National Trust for Historic Preservation in the United States，a corporation chartered by Act of Congress，approved October 26，1949，be exempt from all taxation，so long as the same is used in carrying on the purposes and activities of the National Trust for Historic Preservation in the United States.

（二）主轴编码与选择性编码

主轴编码是将范畴抽象为主范畴，形成主范畴与核心范畴的过程。本文预设了两个核心范畴，得到主范畴后，将主范畴结果归纳进两个预设的核心范畴，最终得到两个核心范畴与 6 个主范畴（见表 4-6）。

表 4-6　1951—2020 年文化类国家公园法律文本编码体系

核心范畴	主范畴	概念（部分）
保护制度	保护主体	陆军部、地方政府、州政府、部落
	保护范围	历史建筑物保护、文化景观保护、战场保护、遗产区保护、廊道型资源保护
	志愿服务	解说服务、游客服务、志愿者权益保护、志愿者专业性
管理机制	管理机构	委员会、基金会、保护协会、信托机构
	土地管理	土地获取方式、保护地役权、土地捐赠、土地交换、土地赎买、土地租赁、土地征用
	资金制度	国会拨款、基金会拨款、基金账户、循环基金、特许经营收入、历史保护税收激励

三、法律体系演化分析

（一）文件数量演化

美国文化类国家公园的法律文件数量在 1951 年至 2020 年大体呈由多至少的趋势（见图 4-1）。美国国会每两年一届，本文采用国会的时间段对法律文件数量进行统计（见表 4-7）。1951—2020 年，美国共组建了 35 届国会，其间共颁布了 1019 份与文化类国家公园相关的法律文件，包含了由国会颁布的授权法与拨款法，以及总统颁布的总统公告与行政命令，还包含了由内政部长签署的具备法律效力的秘书令。对这 1019 份法律文件按照时间纵向排序并分析发现，文件数量由多至少，由 1951 年至 1960 年的 206 份下降至 2011 年—2020 年的 116 份，虽然在 1991 年至 2000 年间出现波动，文件数量达到 154 份，但文件总量均不超过 160 份，其中文件总量最少的为 2001 年至 2010 年，数量仅为 111 份。美国国家公园管理局自 20 世纪初建立后一直伴随着法律政策文本的出台，但发展受限于当时的世界局势，直到战争结束后才相对得到重视，因此 1951 年至 1970 年应属于国家公园体系大力建设期，文化类国家公园也得以发展，并体现在法律文件总量上。后续每十年颁布的法律文件数量相对稳定，保障了国家公园体系的稳定发展。1991 年至 2000 年的文件数量上升，其文件主要出自 1999 年至 2000 年的国会，该届国会处于 20 世纪与 21 世纪交际，共颁布了 62 份文化类国家公园法律文件。

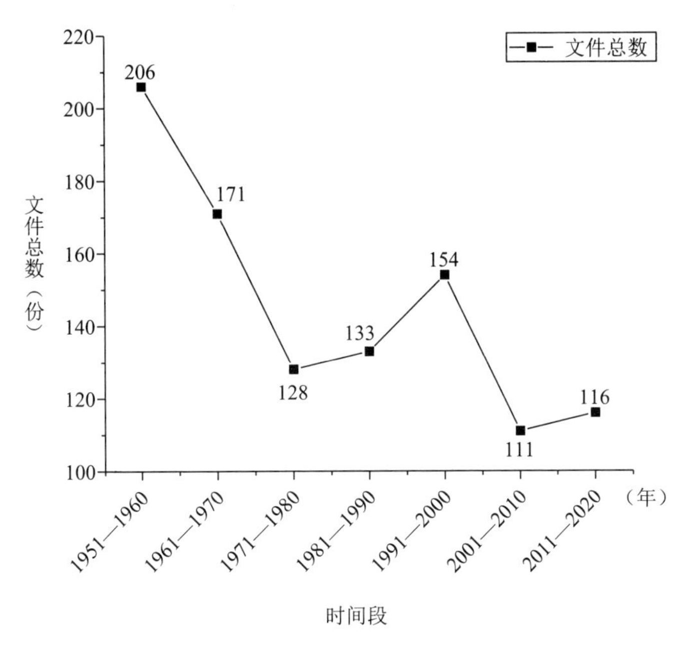

图 4-1 每 10 年文化类国家公园法律文件数量分布

表 4-7 1951—2020 年美国文化类国家公园法律文件数量分布

时间段	年份	文件数（份）	文件总量（份）
1951—1960	1951—1952	56	206
	1953—1954	24	
	1955—1956	41	
	1957—1958	42	
	1959—1960	43	

续表

时间段	年份	文件数（份）	文件总量（份）
1961—1970	1961—1962	49	171
	1963—1964	32	
	1965—1966	33	
	1967—1968	20	
	1969—1970	37	
1971—1980	1971—1972	27	128
	1973—1974	17	
	1975—1976	28	
	1977—1978	35	
	1979—1980	21	
1981—1990	1981—1982	18	133
	1983—1984	20	
	1985—1986	21	
	1987—1988	40	
	1989—1990	34	
1991—2000	1991—1992	31	154
	1993—1994	23	
	1995—1996	8	
	1997—1998	30	
	1999—2000	62	
2001—2010	2001—2002	32	111
	2003—2004	33	
	2005—2006	18	
	2007—2008	9	
	2009—2010	19	

续表

时间段	年份	文件数（份）	文件总量（份）
2011—2020	2011—2012	19	116
	2013—2014	24	
	2015—2016	18	
	2017—2018	30	
	2019—2020	25	

表 4-7 中显示 1995 年至 1996 年与 2007 年至 2008 年两届国会期间颁布的法律文件数量十分少，不超过 10 份，主要原因是在这两届国会期间均颁布了综合土地管理法案，将针对文化类国家公园的多个法律条款包含在一个法案中，因此文件数量少。除此之外，国会也在 2009 年与 2019 年间隔十年颁布了针对公用土地的综合法案，分别为《综合公共土地管理法》（Omnibus Public Lands Management Act）和《小约翰·丁格尔保护、管理和娱乐法》（John D. Dingell, Jr. Conservation，Management，and Recreation Act），单个文件就包含了 100 多个条款，涉及了文化类国家公园的设立、边界调整、潜在资源研究等内容。

（二）文件类型与制定主体演化

美国文化类国家公园相关法律文本共分为 4 类，分别为法案、总统公告、行政命令与秘书令。法案的制定主体为国会，国会通过的法案一般包括授权法与拨款法，授权法是由国会颁布的基本法案，它们建立、延续和修改国家计划。总统公告与行政命令由美国总统制定，行政命令的内容通常针对国家机构或官员，对他们的行为做出指示和约束；相较于行政命令，与文化类国家公园相关的总统公告目的通常是宣布总统设立国家纪念碑。内政部长负责制定秘书令，是内政部长代表内政部采取最终行动的书面决定。

1951—2020 年，由国会颁布的与文化类国家公园相关的法案数量远远超过其他类型的法律文件，约占总量的 85.80%（见图 4-2），同时其变动趋势与总体的文件数量变动趋势大体相同，均是大体趋势为由多变少，在 1991 年至 2000 年出现波动，1971 年后的每 10 年间文件总量均不超过 140 份（见图 4-3）。文件数量排第二的总统公告在所有文件类型中占比 9.75%，均来源于 1906 年颁布的《古迹法》（Antiquities Act）所授权总统设立或调整国家纪念碑的文件，但在 1981 年至 1990 年文件数量为 0。行政命令的文件数量占比为 4.33%，其文件的主要内容是总统实现其管理各行政部门的职能，主要包括扩大内政部部长职能、延长某些与文化类国家公园相关的联邦咨询委员会的时限等，大体变化呈现出上升趋势，从 1951 年至 1960 年的 3 份增加至 2011 年至 2020 年的 16 份。秘书令是四种类型的政策文件中数量最少的一类，但其同样具备法律效力。一直到 2011—2020 年，具体为 2017—2018 年即第 115 届国会，才开始由内政部部长发布了与文化类国家公园相关的秘书令，第 115 届国会的秘书令数量为两份，第 116 届国会的秘书令数量为 3 份，秘书令的颁布代表着美国文化类国家公园法律体系的进一步健全。

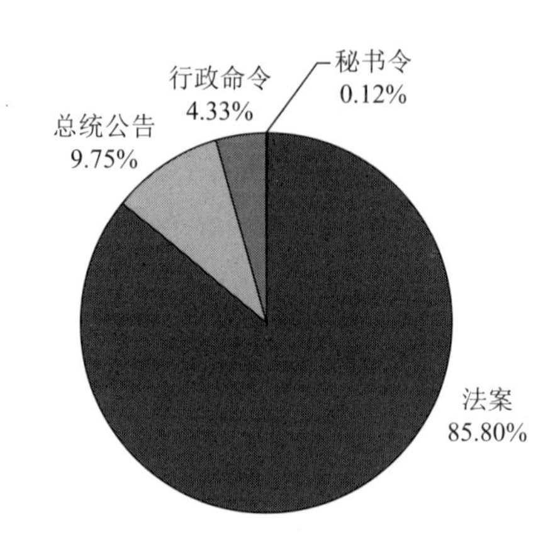

图 4-2　美国文化类国家公园各类型政策文件占比

由图 4-3 可见，国会在这 70 年间是文化类国家公园法律文件的主要制定主体，虽然在国家公园体系大力建设期后文件数量有所下降，但仍然保持对文化类国家公园的持续关注，颁布的法律文件数量均不低于 80 份。由于国家纪念碑均属于文化类国家公园，导致总统成为文化类国家公园法律文件制定的第二大主体，可以制定总统公告与行政命令。但由于总统个体在不断变化，总统在制定文件建设国家纪念碑方面表现得并不稳定，不同时间段中均出现了文件数量为 0 的情况，尤其是在 1981—1990 年连续十年总统均没有制定相关文件建设或调整国家纪念碑。内政部长直到 2017 年才通过颁布具有法律效力的秘书令开始成为文化类国家公园的法律文件制定主体。在 70 年间，文化类国家公园法律文件的制定主体数量仅在后期增加了一个内政部长，制定权仍然绝大部分掌握在国会手中，总统在文件制定中起到补充与完善作用。

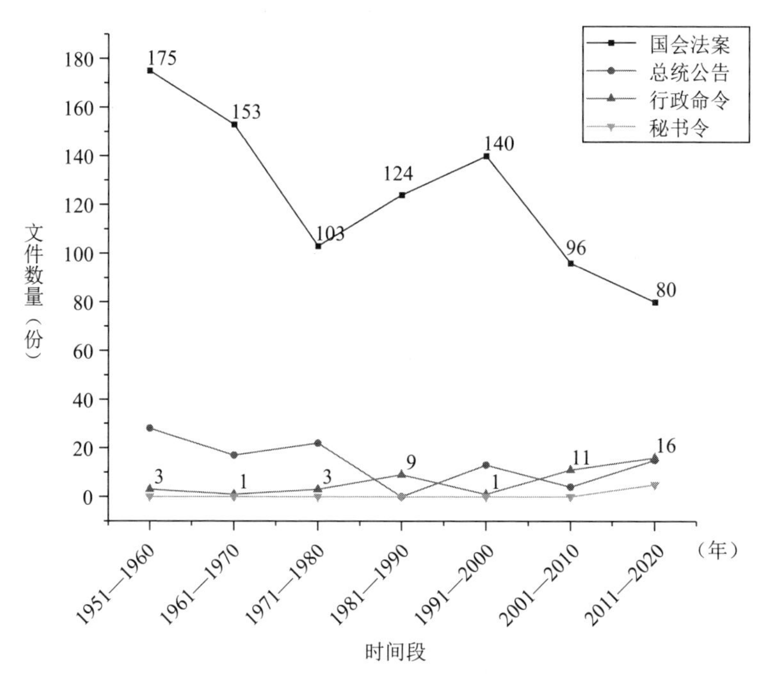

图 4-3　美国文化类国家公园分类政策文件数量分布

（三）法律体系演化

1. 保护制度演化

（1）保护范围

文化类国家公园保护范围随着总统签署法案不断扩大。根据国家公园管理局出版的《国家公园：索引 1916-2016》，大体将九类文化类国家公园分为四个大类：战场类、历史类、国家纪念碑与国家纪念地。

战场类包括国家军事公园、国家战场公园、国家战场、国家战场遗址，均以保护美国军事遗产为主，只是包含的战场大小与范围不同。历史类包括国家历史公园、国家历史遗迹、国际历史遗迹；相较于国家历史遗迹，国家历史公园的范围和复杂性比国家历史遗址大，一个国家历史遗迹通常包含一个与其主题直接相关的单一历史载体，而国家历史公园是一个通常由多个历史载体或建筑形成的区域，其保护的资源包括历史和后期建筑结构，有时还有重要的自然特征；国际历史公园则是对美国和加拿大都具有历史意义的区域。其他两类为国家纪念碑与国家纪念地，国家纪念碑通常是一个保护区，保护各种各样的自然和历史资源，包括具有地质、海洋、考古和文化重要性的地点。国家纪念地不需要是历史上的地点或建筑，也可以是纪念性的地区。

这四大类展现了美国历史文化的不同载体，美国通过颁布法律逐渐形成对这四大类文化类国家公园的保护。先后被国会划入保护范围的依次为：国家纪念地、战场类国家公园、国家纪念碑、历史类国家公园。

美国文化类国家公园体系保护范围在 9 类文化类国家公园建成后仍在继续扩张，分别在 1978 年与 1984 年建立了国家步道体系与国家遗产区域，这两类属于国家公园体系中的相关区域（见表 4–8）。1968 年国会通过《国家步道体系法案》（National Trails System Act）宣布建立国家步道体系，该体系包含国家风景步道、国家休闲步道与连接和附属步道，直到 1978 年，又在体系中增设了国家历史步道，随后的几十年间新步道不断设立，《国家步道体系法案》因此被持续修改。到 1984 年，美国总统罗纳德·里根签署法案，设立了美国第一个国家遗产区域——伊利诺伊和密歇根运河国家遗产廊道。2000 年至 2020 年是国家遗产区域的建设阶段，国会颁布大量法案设立国家遗产区域，仅 2005 年和 2006 年两年便通过颁布《2006 国家遗产区域法》（National Heritage Areas Act of 2006）设立了 10 个国家遗产区域。

表 4–8　文化类国家公园体系保护范围扩张

<table>
<tr><th>时间</th><th>类型</th><th>公园类别</th><th>授权机构</th><th>名称</th></tr>
<tr><td>1848 年</td><td>—</td><td>国家纪念地</td><td>国会</td><td>华盛顿纪念碑（Washington Monument）</td></tr>
<tr><td rowspan="4">1890 年</td><td rowspan="4">战场类</td><td>国家战场</td><td rowspan="4">国会</td><td rowspan="4">奇卡莫加与查塔努加国家军事公园（Chickamauga and Chattanooga National Military Park）</td></tr>
<tr><td>国家战场公园</td></tr>
<tr><td>国家战场遗迹</td></tr>
<tr><td>国家军事公园</td></tr>
</table>

续表

时间	类型	公园类别	授权机构	名称
1906 年	—	国家纪念碑	总统	魔鬼塔国家纪念碑（Devils Tower National Monument）
1933 年	历史类	国家历史公园 国家历史遗迹 国际历史遗迹	国会	莫里斯敦国家历史公园（Morristown National Historical Park）
1978 年	步道类	国家历史步道	国会	俄勒冈国家历史步道（The Oregon National Historic Trail）
1984 年	遗产区	国家遗产区域	国会	伊利诺伊和密歇根运河国家遗产廊道（Illinois and Michigan Canal National Heritage Corridor）

美国文化类国家公园的保护范围规模发展到今天的规模，大致经历了以下 3 个重要阶段（见图 4-4）：

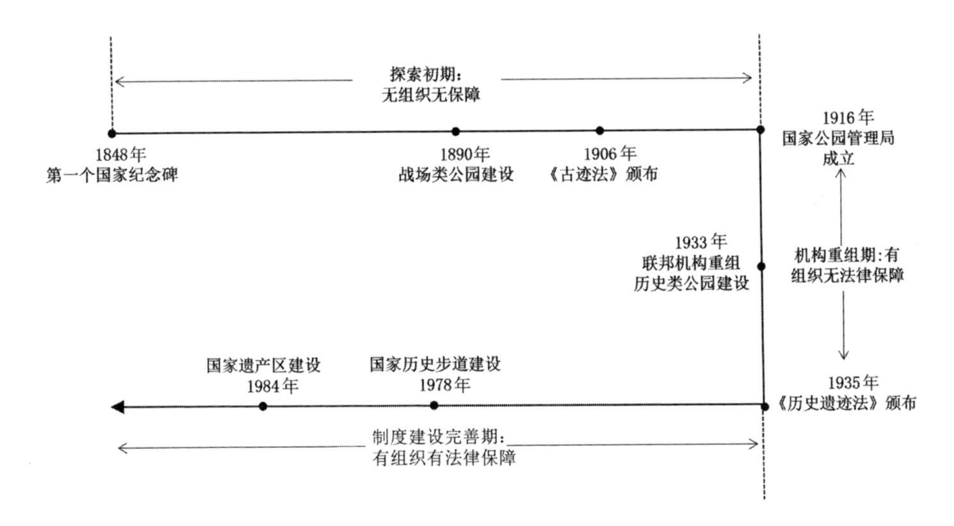

图 4-4　文化类国家公园保护范围演化图

第一阶段是探索初期（1848—1915 年），该阶段没有统一的管理组织或机构，同时也没有相关法律对历史遗迹进行整体性的保护。美国建国几十年后，爱国主义热情激发了一些组织于 1848 年开始建设华盛顿纪念碑，尽管在当时获得了国会的授权与拨款，但当时还尚未催生对国家历史文化的保护理念。1872 年，“国家公园”概念诞生。1890 年，一些退伍军人开始意识到建立一类国家公园去保护历史上的战场对于国家与公民是十分重要的，在经国会与相关保护组织激烈的辩论后，国会决定确立以战场为主要保护区域的国家军事公园。在此刻，“国家公园”的概念在人们心中仍然以自然景观为象征。直到 1906 年，由西奥多·罗斯福总统签署了《古迹法》，对位于联邦土地上的具有历史意义的古物提供法律保障，宣布总统可以直接越过国会对一些历史遗产进行及时抢救与保护，美国的第一个由总统设立的国家纪念碑由此设立，美国也正式跨入了历史遗产保护领域。但此刻，仍然未形成历史遗产的整体性保护，权力分散，对于总统来说，保护能力也十分有限。

第二阶段是机构重组期（1916—1934 年），该阶段美国国家公园管理局成立，同时经历了联邦的机构重组，形成了统一的历史遗产管理组织与机构。1916 年，总统签署了《国家公园管理局组织法》，正式设立了国家公园管理局，对美国的国家公园进行管理，但此刻有关历史文化相关的国家公园尚未转交到国家公园管理局手中。1933 年，由富兰克林·罗斯福总统签署了行政命令要求联邦机构进行重组，大量由其他机构保护的以文化遗产为主的国家公园转移到国家公园管理局。但目前为止，美国仍然未颁布专门针对历史遗产保护的整体性法案。

第三阶段是制度建设完善期（1935 年至今），专门针对历史遗产保护的法案颁布，随后保护范围进一步扩大。1935 年 8 月 21 日，《历史遗迹法》（Historic Sites Act）颁布，它源于国家公园管理局希望为其管辖下不断扩大的历史项目提供更有力的法律支撑，也源于外界对需要为历史遗迹提供更多援助认识的提高，这也是美国第一部针对历史遗产保护的整体性法案。随后，国家历史步道与国家遗产区相继建设，保护范围不断扩大。

（2）保护主体

从文化类国家公园出现到现在，有众多的保护主体都具备了保护它们的职能，该过程中，保护主体从分散到集中到再相对分散，主体数量上也经历了由多到少再逐渐增加（见图 4-5），但这样的趋势并非是回归原貌，而是体制健全后的稳步放开。

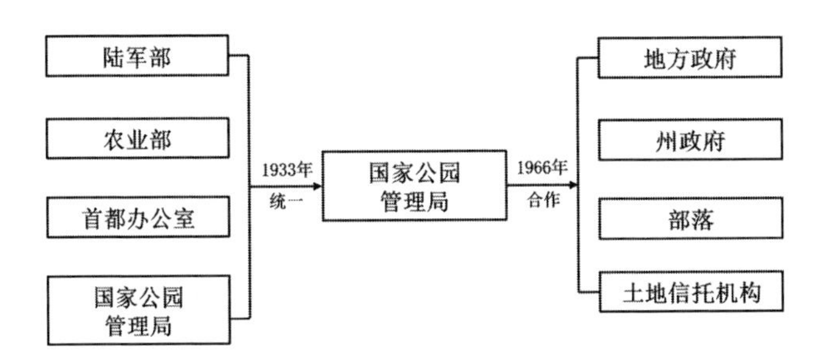

图 4-5 文化类国家公园保护主体演化图

1916 年美国国家公园管理局设立前，绝大部分以文化遗产为主要资源的国家公园都是在相关保护组织的努力下设立并从而得到保护的，这类组织通常规模较小，初步具备保护观念。同时，很多由国会设立的文化类国家公园也并非由统一的机构进行保护，大量设立在华盛顿特区的国家纪念地都由国家首都公共建筑和公共公园办公室进行保护，战场类的国家公园则均由陆军部实施保护。

1916 年国家公园管理局设立，上述机构与国家公园管理局同时具有保护职能。此时，美国文化类国家公园以及文化遗产的保护主体较为分散，导致职能混乱并重复。直至 1933 年机构重组，先前设立的文化类国家公园才全部划归入国家公园管理局，由国家公园管理局对它们实施保护，实现了保护主体的统一。

在国家公园管理局设立初期，国家公园管理局的体系规划是具有扩张性的，这导致了其与各机构间的不协调[①]。国会与国家公园管理局都意识到了此问题，于是在 1966 年，国会颁布了美国目前最广泛的历史保护法案——《国家历史保护法》(National Historic Preservation Act)。在该法案中，设立了相当多的历史保护计划，最重要的是从法律上授权并要求州、地方政府与部落有序参与到历史保护工作中来，并制定了规范的参与程序。国家公园管理局需要与州、地方政府以及部落签订合作协议，从而实现对历史遗产的保护。除此之外，随着土地管理制度的发展，1981 年《统一保护地役权法》(Uniform

① 刘海龙，杨冬冬，孙媛. 美国国家公园体系规划与评估——以历史类型为例 [J]. 中国园林，2019，35 (05)：34-39：10.

Conservation Easement Act）出台，土地信托机构爆炸式发展，成为文化类国家公园保护工作中不可忽视的保护主体。

（3）志愿服务

志愿者项目（Volunteer in Parks Program）在美国文化类国家公园的保护中发挥着关键性作用，美国早在20世纪就构建了完善了志愿者项目，帮助文化类国家公园进行资源保护，在解说服务中向外传递国家特色文化以形成历史文化资源保护的良性循环。文化类国家公园包含在国家公园体系中，其志愿者项目在法律方面的演化与国家公园体系的大同小异，主要区别在于文化类国家公园中需要更多志愿解说服务以向外传输具备国家特色的历史文化。国家公园体系的志愿者项目主要经过了3个重要时间节点，在这些时间节点上，均由国会颁布了志愿者相关的法律文件（见表4–9）。

表4–9　志愿者项目演化表

时间	1970年	1973年	1984年
法案	《公园志愿者法》	《国内志愿服务法》	《公园志愿者法修正案》
具体内容	由国家公园管理局代表内政部长在公园内开展志愿服务	对全国的志愿服务提出了具体要求	保障志愿者权益 扩大授权范围

在1970年前，美国国家公园体系内尚未开展过经法律授权的志愿者项目，美国整体的志愿者制度也处在混乱阶段，并无相关法律对志愿服务进行约束与要求。直到1970年，国会颁布了《公园志愿者法》（Volunteers in the Parks Act of 1969），首次授权在国家公园体系内开展志愿者项目。在该法中，仅授权了国家公园管理局代表内政部长开展志愿者项目，同时也规定了志愿者在解说方面的关键职能，除了为游客提供解说服务，志愿者还可以协助其他游客服务并对国家公园单位内的文化资源进行保护。

1973年，美国国会正式颁布《国内志愿服务法》（Domestic Volunteer Service Act），对全美的志愿服务的流程、程序、人群等细节方面进行了要求，对国家公园内的志愿服务管理也提供了补充，这也是美国目前最广泛的志愿服务法。

直到 1984 年，国会对 1970 年颁布的《公园志愿者法》进行了修正，该修正案中提出了对国家公园体系内志愿者权益进行保障的相关条款，不允许相关管理人员要求志愿者参与危险工作；同时，该案也进一步扩大了《公园志愿者法》的授权范围，不再仅仅局限于国家公园管理局，由土地管理局进行管理的活动当中同样可以开展志愿服务。

2. 管理机制演化

（1）管理机构

美国文化类国家公园的管理机构演化分为 4 个阶段，以 1933 年、1970 年与 2000 年为主要节点，呈现先少后多的趋势。第一阶段为 1933 年以前，文化类国家公园的管理机构类型混杂；第二阶段为 1933 年至 1970 年，该段时间国会尚未颁布法律正式明确国家公园体系的概念，但在之前以及该时间段设立的文化类国家公园均由国家公园管理局进行管理；第三阶段为 1970 年至 1999 年，1970 年后被囊括进国家公园体系的文化类国家公园单位或相关区域在管理机构的类别与形式上呈现出多样化，管理权不再集中在国家公园管理局。第四阶段为 2000 年至今，第一次出现了直接由两个联邦机构进行管理的国家公园单位，在管理机构的转变模式上也出现了创新（见表 4-10）。

表 4-10　文化类国家公园管理机构演化表

时间	1933年之前	1933—1970年	1970—1999年	2000年至今年
管理机构	陆军部、农业部、首都办公室、国家公园管理局	国家公园管理局	国家公园管理局、相关管理实体（土地信托机构、博物馆、保护协会、当地保护联盟、委员会、基金会等）	国家公园管理局、相关管理实体（土地信托机构、博物馆、保护协会、当地保护联盟、委员会、基金会等）、土地管理局

1933 年前，文化类国家公园的管理机构与当时的保护主体相似，包含陆军部、农业部、首都办公室等。1933 年，由富兰克林·罗斯福总统签署了行政命令要求联邦机构进行重组，文化类国家公园的管理权均被移交给了国家公园管理局，直到 1970 年，管理权才从国家公园管理局分散开来。

1970 年，国会颁布了《国家公园管理局组织法修正案》，正式明确了国家公园体系的概念，也间接导致了体系中相关区域的设立。美国的国家公园体系包括两类，一类是国家公园，另一类是相关区域（Related Areas）。相关区域用来保护重要的国家自然和文化遗产，它们与国家公园所保护的遗产有一定的相关性。相关区域主要有其他政府机构或非政府组织以及土地所有者管理，国家公园管理局会通过提供技术和资金支持等多种方式参与相关区域的部分管理。1970 年该法颁布后，之前那些不属于联邦土地但是接受国家公园管理局援助的地区成为体系中的附属区域（Affiliated Areas），这些附属区域并非由国家公园管理局进行管理，而是由其他管理实体进行管理。1984 年，美国开始设立的新一类相关区域——国家遗产区（National Heritage Areas）也与附属区域一样由管理实体进行管理。管理实体一般包括土地信托机构、博物馆组织、保护协会、当地的保护联盟、基金会、委员会等等。

2000 年，总统使用《古迹法》所授予权力发布总统公告，帕拉尚特国家纪念碑被设立为相关区域中的联合管理区域（Co-managed Areas），由国家公园管理局与土地管理局对该公园单位进行联合管理，这是体系中唯一一个由两个联邦机构进行直接管理的国家公园单位。2001 年，管理机构转变的新模式出现，部分由国会通过法案授权的区域被纳入了相关区域中的授权区域（Authorized Areas）一类，这类区域虽然获得了国会的授权，但需要满足法案中相关的条件才能正式成为“国家公园”，由国家公园管理局进行管理。在此之前，这类区域仍由其之前的管理实体进行管理。

（2）资金制度

资金来源方面，通过渠道拓展来减小国家财政压力。一般来说，国家公园体系所用资金绝大部分来源于国会拨款，其余资金来自社会捐赠以及经营收入（见图 4-6）。在体系发展过程中为了减小国家财政压力，国会挖掘了多种渠道为国家公园体系的建设注入资金。以下将分别从资金的 3 个来源探讨资金制度的演化。

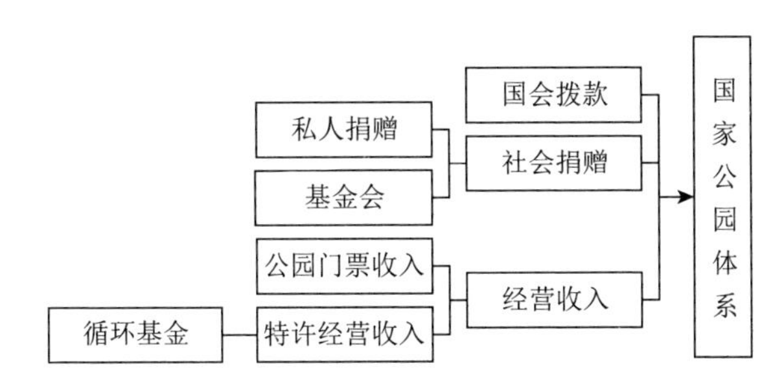

图 4-6　文化类国家公园资金来源渠道结构图

国会拨款方面，自国家公园开始建立，大部分购买土地、租赁土地等建设公园的资金均来自国会拨款。1951 年至 2020 年，国会每年都向内政部提供拨款以供建设并维护国家公园体系，并未出现较大变化。

社会捐赠方面，由于该部分资金具有不稳定性，且无法预测未来的资金总量，发挥作用较为有限。1967 年，国会颁布法案特许成立国家公园基金会（National Park Foundation，NPF），该基金会帮助国家公园管理局筹集私人捐款，在一定程度上消除了社会捐赠资金数量的不确定性，提升所获捐赠资金的利用效率。同时通过成立基金会，为私人向国家公园体系捐款提供了明确的渠道，也增加了可信度，进一步使捐款总量增加。在此之后，国家公园管理局充分借鉴该模式，与各类基金会合作，增加在社会捐赠方面的资金。

经营收入方面，在国家公园开始建设时就有部分公园通过向公众收取公园门票来获取修缮公园设施的资金，但该部分资金较少，对于建设并维护国家公园体系是微不足道的。1965 年，国会颁布法案授权国家公园管理局在其管辖区域内设置特许经营制度，正式开启了国家公园体系内的特许经营活动，该活动通过运营游客设施向游客收取服务费用或者设施使用费用来支持公园的运营工作。2016 年第 114 届国会期间，美国国家公园体系迎来了第一个 100 周年，国会颁布了《国家公园管理局百年纪念法案》（National Park Service Centennial Act），为未来 100 年国家公园管理局的管理工作设立了两个基金账户，分别设立在国家历史保护基金会与财政部之下。国家历史保护基金会的基金账户资金来源于销售国家休闲土地通行证的收入，财政部的基金账户资金来源于销售国家公园与国家娱乐土地通行证的收入，所有基金账户内的资金都将供国家公园管理局使用。资金使用方面，进一步强调专款专用，使用特许经营循环基金。内政部长可以通过特许经营合同筹集资金，将该资金收入进入循环基金账户，账户内的资金被用于管理、改善、提高、运营、建设和维护商业游客服务和设施。

（3）土地管理

根据对法律文件扎根所得范畴结果显示，国会在文化类国家公园立法中强调土地的获取方式，主要原因来源于美国的土地私有制。对法律文件进行再次阅读，获取了多种国会授权的土地获取方式（见图 4–7）。

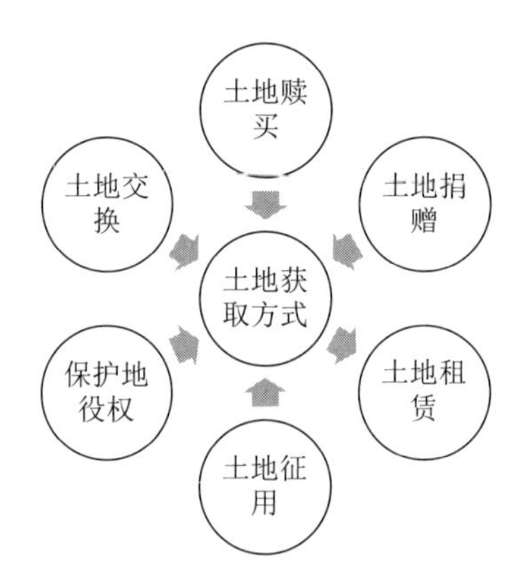

图 4–7　公园土地获取方式

表 4–11　美国文化类国家公园土地获取发展阶段

年份	阶段	土地获取方式	特征
20 世纪 50 年代以前	建设早期	土地赎买、土地征用、土地捐赠、土地交换、土地租赁	以土地所有权变化的土地获取方式为主，管理成本较高
20 世纪 50 年代末至 1981 年	探索期	土地赎买、土地征用、土地捐赠、土地交换、土地租赁、保护地役权	保护地役权小范围被使用，法律上以税收鼓励为主
1981 年至今	发展阶段	土地赎买、土地捐赠、土地交换、土地租赁、土地征用、保护地役权	保护地役权发展，土地信托机构大量涌现；在土地所有权不发生变化的情况下以最低的成本对土地进行管理；限制土地征用

美国文化类国家公园的土地获取方式伴随着美国土地流动制度的发展与法

律完善，共经历了三个阶段（见表 4-11）。第一阶段是以土地所有权变化的获取方式为主的建设早期，国会每年向国家公园管理局拨款的大量资金均被用于获取私有土地所有权，土地赎买、土地捐赠、土地交换、土地征用均属于导致土地所有权变化的获取方式，土地租赁会发生土地所有权的转让，属于债权领域[①]。

第二阶段是 20 世纪 50 年代至 1981 年对新土地获取方式的探索期；由于获取私人土地所有权成本高昂，因此美国展开了对新土地获取方式的探索，保护地役权诞生。20 世纪 50 年代末期，保护地役权概念出现，直到 1964 年美国的《税收条例》（1964 Revenue Ruling）的颁布，保护地役权的合法性才正式得到确立，但在该阶段，法律上对于保护地役权的支持仅仅局限于税收鼓励。

第三阶段是 1981 年至今。1981 年，由美国统一州法全国委员会制定的《统一保护地役权法》（Uniform Conservation Easement Act）出台，正式确立了美国的保护地役权制度[②]（见图 4-8），美国也正式进入以保护地役权为发展热潮的第三个发展阶段。该法案这样界定保护地役权："是持有人在不动产上的非所有性利益，强加一些限制或积极性义务。目的包括维持或保护不动产的自然、景观、开放空间价值，确保它可以用于农业、林业、休闲或开放空间使用，保护自然资源，维持或提高空气和水质量，或者保存不动产的历史、审美、建筑或文化价值"[③]。据资料显示，2001—2003 年，美国每年有 32 万公倾土地被授予保护地役权，呈爆炸式发展[④]。保护地役权逐渐发展成为国家公园管理局获取私有土地进行资源保护的方式。2003 年，国会通过第 108 届国会 62 号法案授权内政部长向内布拉斯加州奥托县授予地役权，以便在内布拉斯加州市的刘易斯和克拉克解说中心与道路之间修建和维护一条通道。与此同时，土地管理体制逐渐完善；在 2006 年总统行政命令第 13406 号《保护美国人民的财产权利》中，对土地征用提出了限制，强调了禁止国家公园管理局对

---

① 魏钰，何思源，雷光春，苏杨．保护地役权对中国国家公园统一管理的启示——基于美国经验［J］．北京林业大学学报（社会科学版），2019，18（01）：70-79：10.

② 张宁，余露．美国保护地役权实践经验及启示［J］．世界农业，2023（01）：57-65：10.

③ Elizabeth Byers& Karin Marchetti Ponte. The Conservation Easement Handbook（sec-ond edition）［M］. Washington D. C.：Land Trust Alliance，2005.

④ 唐孝辉．我国自然资源保护地役权制度构建［D］．吉林大学，2014.

私人土地进行随意征用。

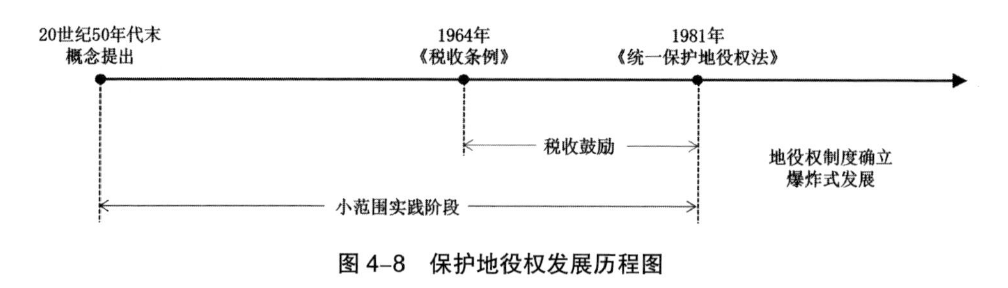

图 4-8　保护地役权发展历程图

第三节　国家公园文化遗产保护专门性法律法规

国会通过的有关国家公园体系的相关法律不仅包含普适性法律，也涵盖了专门性法律法规。本节将基于国家公园管理局发布的《美国文化遗产法规汇编》2018 版（The Official Compilation of U.S. Cultural Heritage Statutes）对国家公园文化遗产保护专门性法律进行介绍。

一、《古物法》

《古物法》(Antiquities Act）由美国西奥多·罗斯福总统于 1906 年 6 月 8 日签署，该法是在保护美国西南地区的史前崖居、普韦布洛遗址和早期传教士的运动中诞生的，主要对位于联邦土地上的具有历史意义的古物提供法律保障。该法共分为四个部分，分别从不同角度对古物的保护与管理做出了要求。

第一部分规定了违反《古物法》的惩罚，挪用、伤害或破坏文物或古迹的行为应该被处不超过 90 天的监禁或者罚款，或者两者并罚。

第二部分涵盖了《古物法》对国家公园体系影响最大的条款，目前国家公园体系中近 1/4 的单位全部或部分源于该条款，它授予了美国总统设立国家古迹（National Monuments）的权力。总统可以根据自己的判断通过公告宣布，将位于联邦或由联邦控制的土地上的历史性地标、史前建筑以及其他具有历史或科学价值的物体设立为国家古迹。同时，该部分还授权总统可以保留一小块土地作为国家古迹的一部分。当某一文物位于私人拥有的土地上，却需要取得国家的“照顾”和管理，该块土地则可被转让给联邦政府，内政部部长可以代表联邦政府接受该块土地。除此之外，该部分强调了怀俄明州的限制，如果没有国会明确授权，总统不得在怀俄明州扩建或设立任何国家古迹。

第三部分授予了内政部长、农业部长以及战争部长颁发许可证的权力。1906 年，美国的国家公园尚未成体系，也并非由统一的机构进行管理，不同类型的保护地由不同的机构进行管理。该部分规定了内政部长、农业部长以及战争部长可以颁发许可证给下属部门或认可的机构，以便在各自管辖的土地上检查废墟、挖掘考古遗址和采集古物，但该项工作必须遵守部长制定的规则和条例。同时，该部分还规定了颁发许可证的具体情形：一是让博物馆、大学、学院或其他科学、教育机构增加对这些物品的了解；二是采集的物品会在公共博物馆永久保存。

第四部分作为推动第三部分执行的条款，规定了以上部长应该制定并公布统一的规则和条例。

二、《国家公园管理局组织法》文化保护部分节选

如前文所述，1916 年 8 月 25 日《国家公园管理局组织法》(以下简称《组织法》)的颁布确立了国家公园管理局，使国家公园体制正式成形。《组织法》中颁布了大量条款对国家公园管理局进行授权，但本段只节选该法中的文化保护部分，分别为第一部分与第八部分，其中第八部分在 1976 年 10 月 7 日才正式成为该法的一部分。

第一部分中的条款明确了国家公园管理局的设立。要求在内政部下设立一个名为国家公园管理局的部门，由总统经参议院建议和同意后任命局长，被任命的局长应当在土地管理和自然或文化资源保护方面具有丰富的经验与能力。局长被任命后，应当选两名副局长，其中一位负责国家公园管理局的运营，另一名负责国家公园管理局的其他事务。同时，国家公园管理局被授权可以拥有国会批准的下属官员和员工。除此之外，该部分的条款阐释了国家公园管理局的使命：国家公园管理局应通过符合国家公园体系单位基本目的的手段和措施促进和管理国家公园体系的使用，该目的是保护国家公园体系单位的风景、自

然和历史物品以及野生生物，并以使其不受损害且供后代享用的方式和手段为公众提供享用风景、自然和历史物件以及野生生物等资源的机会。

第八部分的主题围绕着“对受威胁的地标进行研究并将其纳入国家公园系统”，共提出了5个小点。一是对准备纳入国家公园体系的地区进行持续的监测，并提交年度地区名单。内政部长应该对展现出国家特色并且可能被纳入国家公园体系的地区进行研究、调查和持续监测，在每个财政年度开始时，向两院领导人提交完整的新名单，列出所有被列入自然地标名录以及历史遗迹名录的地区，并且注明这些地区目前以及未来所受损害和威胁的严重程度。除此之外，在提交年度地区名单时，还应上交一份概要，这份概要涵盖以前提交的每份报告，自上一次提交报告或初次提交报告后持续监测的结果，如该地区资源完整性的现状和变化情况。二是对提交预研究地区名单的时间和考虑因素做出了要求。在列入研究地区名单时，内政部部长应考虑那些最有可能满足国家意义、适宜性和可行性标准的地区，同时该地区的资源在国家公园体系中尚未得到充分的体现，最后还需考虑公众意愿和国会决议。三是对研究过程中的时间、考虑因素、研究范围以及其他因素提出要求。对满足要求的地区的研究应当在3年内完成，考虑该地区是否拥有全国性的自然文化资源，研究范围包含但不限于资源的稀有性和完整性、资源收到的威胁、公众使用的潜力、解说和教育的潜力、开发和运营的成本、社会经济影响、该地区的配置。在进行地区研究、调查、监测时，应当遵守1969年的《国家环境政策法》（将在下文详细介绍）。除此之外，内政部部长在向国会转交每项已完成的研究报告时，还应附上其对该地区管理方案的建议。四是要求内政部部长应该指定一个单独的办公室来准备所有新地区的研究以及本部分规定的其他内容。五是对以前研究过的地区名单的提交时间、优先级排列顺序以及需要考虑的因素做出要求。

三、《历史遗迹法》

1935年8月21日，《历史遗迹法》（Historic Sites Act）颁布，它源于国家公园管理局希望为其管辖下不断扩大的历史项目提供更有力的法律支撑，也源于外界对需要为历史遗迹提供更多援助认识的提高。

《历史遗迹法》宣布了“一项国家政策，即保护具有国家意义的历史遗址、建筑和物品供公众使用，以激励和造福美国人民”。它赋予了内政部部长和国家公园管理局广泛的权力和职责，包括对历史财产进行调查，以确定哪些财产具有纪念或说明美国历史的特殊价值。他们被授权对历史财产进行研究，直接或通过与其他各方的合作协议恢复、保护和维护历史财产，并对财产进行标记，建立博物馆，以及从事其他公共教育的解释活动。在履行职责期间，内政部部长和国家公园管理局可以向任何联邦、州、地方的机构、教育或科学机构以及个人寻求合作。如果有必要，内政部部长可以成立技术咨询委员会，让其成员以顾问的身份为历史和史前建筑的修复和重建工作提供咨询；也可以使用国会拨款资金雇佣专业技术人员为其提供援助服务。

该法宣布设立国家公园体系咨询委员会（National Park System Advisory Board），目的是就围绕国家公园管理局、国家公园体系有关的事项向国家公园管理局局长提供咨询，同时也应该提供关于指定国家历史地标和国家自然地标的建议。该委员会最多由 12 个人组成，各成员负责代表不同的地理区域，包括国家公园管理局管理的各个区域，至少有 6 名成员需要在历史学、考古学、生态学等方面具备杰出的专业知识；至少有 4 名成员具有国家或州立公园或保护区管理，或自然或文化资源管理方面的杰出专长和经验；其余成员应在一个或多个领域或另一个专业或科学学科方面具有杰出的专业知识；还有至少一位成员需要是来自公园邻近地区的当地民选官员。委员会可以在内政部部长的授权下举行听证会，并且向其他的联邦机构寻求合作以获取所需要的信息、建议、估计和统计数据。除此之外，该委员会需要遵守《联邦咨询委员会法》（Federal Advisory Committee Act）。

2014 年，国会通过了该法的新条款，增设了国家公园管理局咨询委员会（National Park Service Advisory Council），为国家公园体系咨询委员会提供咨询，其成员一般是在后者任期满后调入，但在后者中没有投票权。

《历史遗迹法》是国家公园体系发展中的重要节点，它大大扩展了国家公园原有概念，相当数量的文化遗产都被纳入了国家公园管理局的管理范围，大大加强了对具有国家意义的潜在历史遗迹的识别力度。

四、《联邦财产和行政服务法》

1949 年 6 月 30 日,《联邦财产和行政服务法》(Federal Property and Administrative Act)颁布，该法对一些特定的官员在财产转让方面进行了限制与要求，强制遵守该条款中的条例、条件与限制，必须对财产转让文书进行反复的修改，直到符合法律要求。其中，内政部长在转让财产时，应符合（e）款和（h）款的要求。根据（e）款转让的财产，用于公共公园或娱乐区；根据（h）款转让的财产，用于供公众使用的历史古迹。

在（e）款中，对作为公共公园或休闲地使用的财产的转让细节提出了要求。在财产转让时，总务署署长（Administrator of General Service）可以根据其自由裁量权和相关条例，将其建议用作公共公园或娱乐区的剩余不动产，包括位于该财产上的建筑物和设备转让给内政部长。在内政部长向总务署署长发出转让建议的通知并经后者同意后，可以将转让过来的财产出售或租赁给一个州、州的政治机构或分支，或者一个市镇。在财产出售或租赁时，内政部长应该考虑到联邦政府从国家、政治机构或市政当局使用该财产中已经或可能获得的任何利益。在转让契约中，应该规定所有的财产应永久地用于和维护其转让的目的，如若不然，则该财产的全部或任何部分应按其当时的状况由联邦政府选择归还给政府，同时，还应包含内政部长认为对保障联邦政府利益有必要否认其他条款和条件。

在（h）款中，对作为历史古迹使用的财产的转让提出了要求。在转让过程中，在不对政府进行货币补偿的情况下，如果内政部长认为这些财产适合并希望用作历史古迹以造福公众，总务署署长可以将政府在任何剩余不动产和相关个人财产中的权利、所有权和权益转让给一个州、一个州的政治机构和分支，或一个市镇。同时还规定，只有在符合国家公园咨询委员会建议的情况下，才能将适合的财产用作历史古迹。除此之外，只有在保护和观察遗产历史特征方面所必需的部分财产才可以适合被确定为历史古迹。在创收活动方面，如果内政部长授权使用本条款转让的任何财产进行创收活动，则总务署署长可以授权使用该财产进行创收。首先应该确定创收活动与历史古迹的目的相一致；其次批准受让人对该财产的维修、复原、恢复和维护计划和实现以上计划的融资计划。对于超出收入的费用，内政部长应该将超出维修、复原、恢复和维护成本的收入用于公共历史、公园和娱乐区的保护。对于转让契约的规定与（e）款相同。

五、《国家历史保护信托基金》

1949 年 10 月 26 日，为了进一步推进《历史遗迹法》，并促进公众参与保护具有国家意义或利益的遗址、建筑和物品，由总统签署了《国家历史保护信托基金》法案，设立了一个慈善、教育和非营利公司，称为国家历史保护信托基金，并成立了国家历史保护信托基金委员会。该信托基金成立有三大目的：一是接受对美国历史和文化有重大意义的遗址、建筑和物品的捐赠；二是为公众利益保护和管理这些遗址、建筑和物品；三是接受、持有和管理用于实施保护计划的任何性质的金枪、证券或其他财产的赠礼。国家历史保护信托基金拥有继承权，直到该信托基金由国会的法案解散，国家信托基金的财产，包括不动产和个人财产应转给并归属于美国。

在普通受托人选择方面，法案规定受托人的人数应符合国家历史保护信托基金委员会确定，并由委员会成员在信托基金的定期会议上从内部选出。受托人的任期由委员会制定，在任何情况下任期都不得超过 5 年，继任者也以同样的方式选出。

在接受委托财产方面，国家历史保护信托基金可以接受、持有和管理用于国家历史保护信托基金的创建目的任何性质的金钱、证券或其他个人财产的赠予和遗赠，可以是完全赠予或遗赠的，也可以是委托管理的。国家信托基金的本金和这些资金的投资收入或者从任何来源收到的所有其他收入，都应该放在国家信托基金确定的存款机构中，并由其按照公司成立目的进行支出。除了上述的个人财产，该基金还可以通过赠予、遗赠、购买或其他方式，完全或以信托方式获得并持有任何不动产，或者不动产中的任何财产和权益，国家公园体系单位边界外的财产除外。

无论国家历史保护信托基金是否已经获得财产的所有权或任何权益，国家信托基金可以根据其认为合适的条款，与联邦、州或地方机构、公司、协会或个人签订涉及任何历史遗址、建筑、物品的保护、保存、维护或运营的合同或合作协议。同时，该基金还可以签订合同，并执行所有必要或适当的文书，以实现其公司宗旨，包括特许合同、租约或使用土地、建筑物或其他财产的许可证，以满足公众或管理的需要。

在履行该法的职能时，国家信托基金可以与国家公园体系咨询委员会就需要保护、保存的遗址、建筑和保护目标有关的事项进行磋商。

六、《考古和历史保护法》

为了进一步落实 1935 年颁布的《历史遗迹法》,《考古和历史保护法》（Archeological and Historic Preservation Act）于 1960 年 6 月 27 日颁布，最初被颁布的时候被称为《遗产抢救法》（Reservoir Salvage Act）。该法案的主要目的是特别规定对历史和考古资料进行保护，以防这些资料因为建设工程受到损害。

法案对考古与历史相关的联邦机构与个人、协会或公共实体在考古历史资料受到损害时的行为提出了要求。任何联邦建设项目或者由联邦许可批准的项目、活动可能对重要的科学、史前、考古或历史资料造成不可弥补的损失或破坏时，历史与考古相关机构应及时发现并书面通知内政部长，同时向内政部长提供有关该项目、活动的相关信息。相关机构可以要求内政部长对资料进行恢复、保护与保存，同时也可以使用建设项目的资金去进行资料的恢复、保护与保存。当有任何的联邦机构给私人、协会或公共实体提供了借款或赠款，同时内政部长确定科学、史前、历史或考古资料可能丢失或者被损坏时，内政部长可能会使用相关资金对可能受影响的区域进行调查并对资料进行修复、保护和保存。

该法案同时也规定了内政部长在考古与历史资料保护中的职责。首先，内政部长收到相关机构、个人、协会或公共实体的书面通知后，对项目进行调查。调查的同时，内政部长应该向负责资助或有许可项目的机构进行进展通报，以便在执行该机构的职能时，尽可能少地出现干扰或延误。调查和恢复计划应在内政部长和机构负责人所商定的时间结束，除非经过双方协议后延长。其次，内政部长应与任何有兴趣的联邦和州机构、教育和科学组织、私人机构和相关个人进行协商，以确定在本法规定的工作中所回收的遗物和标本的所有权以及最合适的存放地点。最后，内政部长应该协调本法规定的所有调查和保护活动。

在管理此类项目时，内政部长可以与任何联邦或州机构、教育或科学组织、或机构、公司、协会或合格的个人签订合同；同时根据相关规定，获得专家和顾问或专家和顾问组织的服务；同时可以接受和利用任何私人或公司提供的用于抢救性考古的资金，或由任何联邦机构转让给部长的资金。

七、《国家历史保护法》

1966 年颁布的《国家历史保护法》（National Historic Preservation Act）是美国关于历史保护最广泛的立法。它为协调联邦政府和州、地方及部落政府之间的历史保护工作建立了制度和标准，从而彻底改变了历史。

通过颁布《国家历史保护法》，国会宣布了美国在历史保护方面的国家政策，要求通过与其他国家合作，并与各州、地方政府、印第安部落、夏威夷原住民组织以及私人组织和个人合作，以便利用各种措施，包括财政和技术援助，促进我们的现代社会和我们的历史财产能够和谐存在，并满足今世和后代的社会、经济和其他需求；在保护美国和国际社会的历史财产以及管理国家保护计划方面提供领导；以管理的精神管理国家的历史财产，以激励和造福当代人和后代；为保护非联邦所有的历史财产做出贡献，并最大限度地鼓励通过私人手段进行保护的组织和个人；鼓励公共和私人去利用国家历史建筑环境中所有可用的元素；协助州和地方政府、印第安部落和夏威夷原住民组织，以及国家历史保护信托基金，扩大和加快其历史保护项目和活动。

法案分为三部分，主要内容集中在前两部分，第一部分的内容为历史保护项目，第二部分则设立了历史保护咨询委员会。

在第一部分中，法案主要制定了 5 大历史保护项目。第一个项目为国家史迹名录，法案授权了内政部长进行与国家史迹名录相关的工作，提出了与国家史迹名录、国家历史地标和世界遗产名单有关的标准和规定，最后规定了历史财产提名进入国家史迹名录的程序与过程。一般来说，历史财产可以由州、个人和地方政府、联邦机构提名，在提名过程中，强调了该财产业主的参与。第二至第四个项目分别为州历史保护计划、部落历史保护计划以及联邦机构历史保护计划，分别要求这三个历史保护主体制订各自的历史保护计划并严格执行。第五个项目为地方政府认证，该项目被包含在州历史保护计划中，由州历史保护官员对地方政府进行认证，认证后的地方政府需要参与到国家史迹名录的提名和登记工作中。以上五个项目虽明确划分，但在职能上都有关联之处，不同计划相关合作，共同促进历史保护工作。除此之外，第一部分还规定了联邦历史财产的交换与租赁的相关授权、程序与合同管理，对保护教育和培训计划、私人捐赠资金、拨款等方面作出了相关规定。

法案的第二部分则设立了历史保护咨询委员会，规定了该委员会指派的成员以及日常运作的程序。除此之外，该委员会还应指派代表参加国家文化财产保护与修复研究中心的相关活动，保持在历史遗产保护方面与国际接轨。

《国家历史保护法》的条款体量十分庞大，法案内容足足有 100 余页，对历史保护工作的各个方面都做了细致要求，充分提供了法律保障。

八、《国家环境政策法》

《国家环境政策法》（National Environmental Policy Act）于 1970 年 1 月 1 日被签署为法案，是美国目前最广泛的环境保护法案，目的是制定一项国家政策，鼓励人与环境之间的和谐共处，致力于防止或消除对环境和生物圈的损害，促进人类的健康和福祉，丰富对国家重要的生态系统和自然资源的理解，同时设立一个环境质量委员会。

该法案制定的背景来自国会认识到人类活动对自然环境所有组成部分的相互关系会产生影响，特别是人口增长、高密度城市化、工业扩张、资源开发以及新的和不断扩大的技术进步所产生的深刻影响，并进一步认识到恢复和保持环境质量对人类整体福祉和发展的重要性。同时，国会还认识到每个人都应享有一个健康的环境，每个人都有责任为保护环境做出贡献。因此宣布联邦政府未来将持续贯彻的政策是与州和地方政府以及其他有关的公共和私人组织合作，使用一切可行的手段和措施，包括财政和技术援助，以促进和推动普遍福利，创造和维持人与自然能够在生产上和谐相处的条件，并满足今世和后代美国人的社会、经济和其他要求。

因此，该法案要求为了执行其所规定的政策，联邦政府有责任使用一切可行的手段，改进和协调联邦计划、职能、方案和资源，以使国家能够履行每一代人作为后世环境受托人的责任；确保所有美国公民拥有安全、健康、有生产力、美观和文化上令人愉悦的环境；实现环境的有益用途，而不出现退化、对健康或安全的风险，或其他不良和意外的后果；保护美国的重要历史、文化和自然遗产，并在可能的情况下，保持一个支持多样性和个人选择的环境；实现人口和资源使用之间的平衡，允许高标准的生活和生活的便利；提高可再生资源的质量，最大限度地回收可消耗的资源。

在该法案中，对联邦政府的行为做出了具体要求。国会授权并指示，在最大的可能范围内，美国的政策、法规和公共法律应根据《国家环境政策法》中规定的政策进行解释和管理。联邦政府的所有机构应采用系统的、跨学科的方法，确保在可能对人类环境产生影响的规划和决策中，综合利用自然科学和社会科学以及环境设计艺术；与本法案设立的环境质量委员会协商，确定并制定方法和程序，以确保在决策过程中，将目前未量化的环境设施和价值与经济和技术因素一起进行考虑。

在关于立法提案和对人类环境质量有重大影响的其他主要联邦行动的每项建议或报告中，需要由负责官员做出详细说明，包括拟议行动的环境影响、任何无法避免的不利环境影响、拟议行动的替代方案、当地对人类环境的短期使用与维持和提高长期生产力之间的关系、涉及的任何不可逆转和不可恢复的资源。在作出任何详细声明之前，负责的联邦官员应与任何依法拥有管辖权的联邦机构或对所涉及的任何环境影响具有特殊专长的联邦机构协商，并获得其意见。详细声明的副本，以及被授权制定和执行环境标准的联邦、州和地方机构的评论和意见，应按照相关法律规定，提供给总统、环境质量委员会和公众，并应伴随提案通过现有的机构审查程序。

除此之外，联邦政府还应该研究、设计和描述任何建议的行动方案的适当替代方案；承认环境问题的世界性和长期性，并在符合美国外交政策的情况下，对旨在最大限度地开展国际合作以预测和防止人类世界环境质量下降的倡议、决议和方案给予适当支持；向各州、县、市、机构和个人提供有助于恢复、维持和提高环境质量的建议和信息；在规划和发展以资源为导向的项目时，启动和利用生态信息。

九、《考古资源保护法》

《考古资源保护法》于 1979 年 10 月 31 日被签署为法案，该法案是美国最广泛的考古资源保护法案。

国会制定该法案的背景是国会开始认为公共土地和印第安人土地上的考古资源是国家遗产中可利用和不可替代的一部分，而这些资源由于其商业吸引力而日益濒临灭绝。现有的联邦法律没有为这些资源提供足够的保护，以防止这些考古资源和遗址因无限制地挖掘和掠夺而遭受损失和破坏。在当时，有大量的考古信息是由私人为非商业目的合法获得的，可以自愿提供给专业考古学家和机构，为日后的考古资源保护与管理提供基础与便利。因此，国会颁布该法案，为了美国人民现在和将来的利益，确保对公共土地、印第安人的考古资源和遗址进行保护，并促进政府当局、专业考古界和拥有该法案颁布前考古资源和数据收藏的私人之间加强合作和信息交流。

法案规定了颁发挖掘许可证的相关事宜。任何人都可以向联邦土地管理者申请挖掘或移走位于公共土地或印第安人土地上的考古资源的许可证，并进行与这种挖掘或移走有关的活动。“联邦土地管理者 ”一词，就任何公共土地而言，是指对这些土地拥有主要管理权的部门的部长，或美国任何其他机构或部门的负责人。但需要满足该法案规定的条件，除了申请人必须具备相关资质外，最主要的是这种挖掘活动的目的是得到促进公共利益的考古知识。此外，从公共土地上挖掘或移走的考古资源将保留为国家的财产，这些资源和相关的考古记录和数据的副本将由相关的大学、博物馆或其他科学或教育机构保存。一般来说，印第安部落或其成员如果想要挖掘或清除位于该印第安部落土地上的考古资源，是不需要许可证的，但需要有部落法律对这类活动进行规定。

在特定情况下，如果根据该法案颁发的许可证可能导致对任何宗教或文化遗址的损害或破坏，经联邦土地管理者确定，在颁发该许可证之前，联邦土地管理者应通知那些认为该遗址具有宗教或文化重要性的印第安部落。对于挖掘或拆除位于印第安人土地上的任何考古资源的许可证，只有在获得拥有或管辖这些土地的印第安人或印第安人部落的同意后，才能颁发许可证。许可证应包括该印第安人或印第安部落可能要求的条款和条件。如果许可证持有者违反了该法案的相关条款，经联邦土地管理者确定后，可以暂停其相关的挖掘活动，对其进行民事处罚后，可以撤销其许可证。

该法案对内政部长以及其他相关联邦土地管理机构进行了授权。授权内政部长制定法规执行该法。例如该法案授权了内政部长可以在一些方面制定法规，要求在相关大学、博物馆或其他科学或教育机构之间交换从公共土地和印第安人土地上清除的考古资源。授权相关的联邦土地管理者颁布统一规则和条例相一致的规则和条例以执行该法。同时，每个联邦土地管理者应制订一个计划，以提高公众对位于公共土地和印第安人土地上的考古资源的重要性和保护这些资源的必要性的认识。

此外，法案还规定了没有许可证情况下的禁止事项，并宣告了处罚内容，对公民违反该法案后的相关程序作了详细规定与说明，如听证会、罚款金额、传唤证人等事宜。其中特别规定了考古资源的信息不能随意披露，一般情况下，为了保护考古资源，关于任何考古资源的性质和位置的信息，不得向公众提供，除非有关的联邦土地管理者确定召开披露会。相关州的州长应承诺充分保护这些信息的机密性，以保护资源不被商业开发。同时，相关的联邦土地管理者应向州长提供有关所在州内的地质资源性质和位置的信息。

对于相关联邦机构的职能，该法案也做出了相关规定。首先，要求内政部长应该采取必要行动以促进和改善各方的沟通、合作和信息交流。各方包括拥有在该法颁布之日前获得的考古资源和数据收藏的私人、负责保护公共土地和印第安人土地上的考古资源的联邦当局以及专业考古学家和专业考古学家协会。同时，内政部长还应加强与私人、专业考古学家、考古组织之间的合作，努力扩大美国考古资源的考古数据库。其次，规定内政部长向国会提交全面的年度报告，包含开展活动、与私人开展活动的行动总结。最后，针对联邦土地管理机构整体提出了要求，内政部、农业部和国防部的部长以及田纳西流域管理局董事会主席应制订计划，对其控制下的土地进行调查，以确定这些土地上的考古资源的性质和范围；编制一份时间表，对可能包含最有科学价值的考古资源的土地进行调查；制定报告涉嫌违反本法的文件，所以规定各自机构的官员、雇员和代理人何时以及如何填写这些文件。

十、《美国战场保护法》

《美国战场保护法》（American Battlefield Protection Act）于 1996 年 11 月 12 日被签署为法案。该法的目的是协助公民、机构以及各级政府规划、解释和保护在美国发展的历程中曾在美国土地上进行的历史性战斗的地点，以便当代和后代人可以从美国人做出过牺牲的地方学习和获得灵感。

该法提出在一般情况下，内政部长应利用既定的国家历史保护计划，鼓励并认可公民、联邦、州、地方和部落政府等组织在国家、州和地方层面研究、评估、解释和保护历史战场和相关遗址，并与之合作。此外，内政部长可以通过使用合作协议、赠款、合同或其他普遍采用的方式为以上机构或个人提供财政援助，并规定了每个财政年度的拨款总额。

该法案规定，部长应建立一个战场收购赠款计划。首先，根据该计划，部长可以向州和地方政府提供赠款，以支付收购符合条件的土地或权益的联邦份额费用，以保存和保护这些土地和权益，非联邦份额的费用应该不低于 50%。其次，州政府或地方政府可以与非营利性组织合作，利用规定的赠款，获得符合条件的土地及权益。再次，在收购符合条件的土地及权益时，只允许从有出售意愿的卖家手中收购，不允许土地强制征用。最后，在执行该计划期间，内政部长应向国会提交一份关于根据本款开展的活动的报告，内容包括在战场报告和本段要求的报告公布期间，在战场报告中确定的战场和相关地点开展的保护活动、战场和相关遗址状况的变化，以及在此期间与战场和相关地点有关的任何其他相关发展变化。

十一、《拯救美国宝藏》

《拯救美国宝藏》（Save America's Treasures）最初签署于 1998 年，并持续了将近 20 年。2009 年，国会通过了该计划的新起源法，在 2010 年取消了拨款，从 2018 财政年度开始恢复了补助金计划。

该法案设立了“拯救美国宝藏”计划，规定在与国家艺术基金会、国家人文基金会、博物馆和图书馆服务研究所、美国历史保护国家信托基金、国家历史保护官员会议、国家部落历史保护官员协会以及总统艺术和人文委员会的协商和合作下，内政部长应使用根据本法提供的资金，为联邦实体、州、当地或部落政府、教育机构或非营利组织等符合条件的实体提供赠款，用于具有国家意义的收藏品和历史财产的保护项目。

拨款方面，该法提供的资金中，不少于 50% 的资金将用于藏品和历史财产的保护项目，通过内政部长管理的竞争性补助程序进行分配，符合条件的实体应向秘书提交一份申请，其中包含秘书可能要求的信息，该项目必须符合该法所规定的资格标准，标准具体如下：该项目消除或大大减轻符合条件的收藏品或历史财产被破坏或恶化的威胁；该项目具有明显的公共利益；该项目能够在拨款申请中描述的预算范围内按期完成。同时，为了有资格获得该计划的拨款，历史财产在申请拨款之日应被列入《国家历史遗迹登记册》，具有国家级别的重要性或被指定为国家历史地标。

第五章

美国文化类国家公园合作伙伴制度

第一节　志愿者制度及组织

美国的志愿者计划始于1872年第一个美国国家公园——黄石国家公园建立，之后见证了1916年国家公园管理局的成立，直到1969年的《公园志愿者法》（The Volunteers in the Parks Act of 1969）的颁发才使其由非正式合作关系变为了正式的合作关系。至今，志愿者制度仍在国家公园系统的发展中发挥着巨大作用。

一、法律法规保障

美国在历史上颁布了众多针对全国范围有关志愿者服务的法案。1973年，国会颁布了《志愿服务法》（Domestic Volunteer Service Act），此后经过多次修改，进而从法律层面不断完善细化其中规定。相关法律法规包括1990年颁布的《国家和社区服务法案》（National and Community Service Act），1993年颁布的《全美服务信任法案》（The National Service Trust Act），1997年颁布的

《公园志愿者保护法》（The Volunteers in the Parks Act of 1969）等。

相较于其他领域，针对国家公园的志愿者计划实施更早也更契合国家公园的基本背景。1969 年的《公园志愿者法》颁布使美国正式确立了国家公园志愿者服务计划。基于志愿者计划，国家公园可以招募并培训志愿者。从实践中来看，志愿者计划取得了诸多成效。除了该法外，国家公园管理局局长于 2016 年颁布的第 7 号局长令（Director's Order #7:Volunteers In Parks）结合新时期国家公园体系的建设背景，对志愿者计划做出了更为明确的规定。

（一）1969 年志愿者计划

1969 年由《公园志愿者法》确立的志愿者计划较为简单，主要从三个部分对国家公园管理局在志愿者方面进行了授权。一是允许国家公园管理局招募、培训和接受个人为国家公园中的服务系统和访客服务活动提供无偿服务。在提供这些服务时，该局不得允许志愿者从事危险工作，或者替代该局原有的员工。二是国家公园管理局可以为志愿者支付必要费用，例如制服费、住宿费、生活费等。三是志愿者三种特定的情况下，应当被视为联邦雇员，分别是工伤赔偿、根据《联邦侵权索赔法》（Federal Tort Claims Act）免责、对服务中发生的个人财产损失进行索赔。

（二）国家公园管理局第 7 号局长令

国家公园管理局第 7 号局长令一共包括 17 条，对国家公园志愿者服务制度作出了细致的规定。

局长令首先介绍了志愿者计划在美国的传统背景以及目的，陈述了国家公园内志愿者计划的合法性以及相关法律授权，并介绍了国家公园管理局内部整体对该计划的行政管理结构，以上则是该局长令的前 3 条规定。后 14 条规定对志愿者计划的各个方面提出了具体的规定与程序，大体包含了志愿者定义、志愿者资质、志愿者活动、资金补偿、风险管理、平等就业机会、制服、志愿者工作报告与记录、住房、招聘、入职培训、监管培训、奖励以及志愿协议终止的程序。

二、管理制度

志愿服务是国家公园管理局的一项核心战略职能，该局组织中的所有级别都必须参与其中，在管理和服务的过程中互惠互利。国家公园管理局的志愿者系统需要在多个层面进行协作管理。

（一）资源保障

1. 岗位描述

美国国家公园对志愿者工作的描述非常详细、完善。公园每年会发布年度志愿者计划的信息和要求，包括申请资格、营地信息、时间、流程和每个志愿项目的具体信息。

2. 指导与培训

为了让志愿者更好地进行志愿服务，许多国家公园会为志愿者提供足够的培训和指导。不同公园提供的指导等级、形式、内容和数量不同，取决于职位及职责、工作持续时间等各种因素。

3. 发展保障

有效的合作志愿者计划必须为志愿者提供事故责任险。美国国家公园管理局的《参考手册 7》（Reference Manual 7）规定，志愿者在工伤赔偿、根据《联邦侵权索赔法案》所享受的责任豁免以及个人财产损失赔偿等方面，与联邦雇员享有相同的福利。①

（二）资金保障

自 1872 年国家公园开始建设以来，志愿者计划的资金每年由国会拨款，包含在国家公园体系的运营资金中。这些资金由区域计划经理分配给各公园，用于维持国家公园管理局的志愿者计划，并支付与志愿者计划运营直接相关的费用。

非国会拨款给国家公园管理局的资金则来源于如国家公园基金会、其他合

① 郭娜，蔡君. 美国国家公园合作志愿者计划管理探讨——以约塞米蒂国家公园为例［J］. 北京林业大学学报（社会科学版），2017，16（4）：27-33.

作伙伴、朋友团体的捐赠或直接捐款。

（三）管理主体与层级

美国的国家公园志愿者管理形成了“中央—区域—国家公园”三级管理体制，为国家公园的志愿服务提供了有效保障。

中央层面设有华盛顿支持办公室（Washington Support Office）负责理事会的全类型志愿者项目，由项目经理负责每个项目的整体协调和指导。该办公室需要支持志愿者项目经理履行职责，向国家公园管理局主任、内政部领导和国会提供有关志愿者计划的信息，制定战略方向并建立志愿者管理的操作标准等。教育和志愿者理事会负责管理国家级志愿者部门、办公室和项目。

区域层面设有区域办事处（Regional Office），通常统筹多州的国家公园管理业务，区域志愿者经理负责本区域国家公园的志愿者规划和管理。办事处支持经理根据要求为志愿者管理人员提供培训，并为公园和区域计划提供帮助，通过在该地区进行常规项目评估来监督志愿者项目。

公园层面，各个国家公园的志愿者项目均由公园自主运营，公园根据不同志愿活动需求招募、选拔、培训志愿者，并通过本园的志愿者需求进行公园规划。每个有志愿者计划的公园必须有一名指定的志愿者经理，负责志愿者计划的管理，志愿者经理可以位于任何部门。国家公园的志愿者经理要与区域志愿者经理或服务范围的志愿者项目经理保持联系，以确保遵循正确的志愿者项目程序。国家公园的志愿者管理者一般有三类：第一类是公园园长（Superintendents），是公园内志愿者项目的最终管理者；第二类是志愿者经理（Volunteer Manager）负责制定、运营符合公园或项目条件和需求的志愿者项目，并协调各方关系；第三类是志愿者监督员（Volunteer Supervisors），负责监督公园内开展的志愿者项目，具体监督任务由每个公园或项目决定。

（四）志愿者合作组织

除中央、区域、公园的志愿者组织外，国家公园管理局还与一些志愿者组织合作，这些组织主要为非营利组织，如合作协会、授权慈善伙伴、保护团或合作伙伴志愿者组织等。以上组织可以根据正式协议，如合作协会协议、慈善伙伴关系协议、联邦财政援助协议等，在国家公园管理局的监督下，参与国家公园的志愿者计划。

三、志愿者类别

根据相关条例描述，志愿者必须是为国家公园管理局工作，并在国家公园管理局的指导下工作的个人或个人团体，并且他们不能从中获得任何钱财。想要成为志愿者的个人、团体必须签署有效的志愿服务条例。目前，美国的国家公园志愿者主要分为九类。

（一）儿童、青少年、家庭志愿者

国家公园管理局为儿童、青少年、家庭、团体和个人提供多种方式的志愿者活动。

（二）K–12 服务学习志愿者

K–12 教育志愿服务计划建立了在志愿服务中学习的制度，整合了社区服务与学生教育，学生成为了服务学习志愿者。该计划在学生和社区之间建立起密切联系的同时，对双方都提供了有效和深远的影响与帮助。

（三）进行实习的志愿者学生

此类志愿者通过实习来换得学分，通过实习机会与相关工作人员建立联系。

（四）合作协会的员工

由于这类员工的工资费用已经由国家公园管理局基金会所支付，所以这类协会员工的工作时间将不计入志愿服务时长。同时，这类协会拥有自己的志愿者计划，所以他们的员工作为志愿者独立于国家公园管理局和志愿者计划之外。

（五）合作伙伴组织的工作人员

这类志愿者属于国家公园管理局志愿者计划，在签署有效的志愿者协议后，在国家公园管理局的指导下进行工作，并保有其公园的志愿者时长。此外，当他们作为国家公园管理局志愿者执勤时，不允许进行筹款工作。

（六）国家公园管理局的员工

这类志愿者在国家公园管理局的管理规定下不可以利用有偿工作的方式担任志愿者。例如，行政助理可以自愿利用自己的私人时间在公园内为游客进行解说，但不能为另一位公园经理做行政工作以换取报酬。同时，员工在休假期间不能担任带薪职位。

（七）国家公园管理局员工的家属

国家公园管理局员工的家属若符合该职位的条件，在遵循申请程序后，则可以担任志愿者。但是，志愿者职位若涉及报销或从中可获得经济利益的，则不得由直系亲属担任。

（八）外国公民

非美国公民在开展无报酬的志愿工作的情况下可以成为国家公园管理局志愿者，虽然外国公民接受任何形式的志愿者劳动报酬都是非法的，但是合法永久居民或持有特定签证的人是此补偿规则的例外情况。这一类人可能有国务院或国土安全部授权的其他签证类型或被允许在美国进行合法工作，所以公园可以对他们进行工资的发放。

（九）国际公园志愿者

国际公园志愿者属于国际志愿者计划（IVIP），国家公园管理局的国际事务办公室负责管理此计划，该计划允许来自其他国家和地区的公民成为国家公园管理局的志愿者。尽管国际志愿者可以担任公园内的志愿者，但美国国务院和美国公民及移民服务局有具体的法律要求，由于签证和移民政策的复杂性，国家公园管理局和国际志愿者计划协调员在协助国家公园管理局处理外国申请者方面发挥着关键作用。

国家公园管理局只会选择符合签证和移民要求的人。此外，由于国家公园培训和安置国际志愿者的能力限制了国际志愿者计划项目的数量，因此国家公园管理局只会选择具有教育和专业背景的人员进行培训，并且希望他们返回本国时分享自己的经历。

四、志愿活动类别

国家公园管理局开发了多种志愿者活动，志愿者根据志愿活动要求和自身特长可申请参与不同的志愿活动。

（一）小规模志愿活动和实践志愿服务

小规模志愿服务也可称为临时志愿服务，不同于持续性较长的志愿服务，其任务只需要几分钟到几小时，所以既可以在实地完成，也可以作为虚拟志愿服务的一种形式，通过连接互联网在线分发活动任务并完成。这类志愿活动申请过程通常很快，只需要提交文字材料，而后进行筛选或培训。常见的活动项目如捡垃圾、教授公众科学（Citizen Science）等。

（二）虚拟志愿服务

虚拟志愿服务也被称为电子志愿服务或在线志愿服务，是一种志愿者不需要亲自进入公园便可以完成的活动类型。志愿者可以通过远程工作完成数据输入、研究、编辑、翻译、特殊项目和外联等任务。虚拟志愿服务类似于远程工作者，不同之处在于虚拟志愿者不能得到工资报酬。

（三）基于特殊才能的志愿活动

这类志愿者具有专业的技能和其特定职业的标准，如潜水员、消防员、医生、护士、飞行员、科学家、重型设备操作员、商业巴士司机以及提供公益服务的个人或团体。这类志愿人员能够提供专业知识，为业务或项目提供专业支持。

五、志愿活动内容示例

国家公园志愿者计划的活动内容基于国家公园产生，与国家公园的类别一样，其活动内容也众多，限于篇幅无法全部进行展示，以下是一些志愿活动内容示例：面向公众的教育项目；对道路进行重建或参与修复历史建筑；对自然资源进行研究或监测以保护野生动物；帮助在露营地露宿的家庭留下美好的回忆；为他人讲解关于公园的知识，并在游客中心为新加入的少年做骑兵宣誓的准备；在园区图书馆、档案馆、博物馆进行保护文化资源的宣传；以常驻艺术家的身份在公园里进行艺术创造；通过美国国家铁路客运公司步道和铁路计划，向乘坐火车进行参观的铁路旅行者讲解这个地区的自然和文化遗产。

第二节　伙伴团体

自 20 世纪 80 年代以来，美国私有化程度有所提高。由于财政赤字等原因，政府开始与其他组织合作，以弥补政府雇员数量的不足，同时满足公众的需求。政府各部门、企业、非营利组织等之间的合作已成为一个日益普遍的现象，跨部门社会伙伴关系（Cross-sector Social Partnerships，CSSPs）也迅速发展。跨部门社会伙伴关系将政府、非营利组织、企业和公民结合到一起，共同解决复杂的社会问题。研究人员认为，跨部门社会伙伴关系可以实现更多的政府、企业等各部门及部门内部的合作目标，包括利用跨领域的技能、解决复杂问题的方案以及更好地适应危机、变化与动荡等。同时，美国国家公园管理局和非营利组织之间的合作是跨部门社会伙伴关系的典型案例，是西方公共部门、私人和非营利组织之间关系大趋势的一个缩影。

美国国家公园管理局拥有众多合作伙伴，其中一类为伙伴团体，伙伴团体包含了合作协会、慈善合作机构以及国家公园基金会。国家公园基金会已在前文详细介绍，在此不再赘述。下文将详细介绍合作协会与慈善合作机构。

一、合作协会

在许多国家公园中，被称为合作协会（Cooperating Associations）的非营利组织通过他们提供的服务来增强游客对国家公园的理解、认识和欣赏。

（一）非政府组织

美国社会的非政府组织数量众多，宗旨各异，社会影响力较大，仅环境保护类的非政府组织就多达55万个。其中，环境保护基金协会（Environmental Defense）、野生动物基金会（Wild life Fund）等全国性的环境保护组织具有较大的影响力。另有专门针对各国家公园具体问题的小组织，如大沼泽国家公园的外来植物管理委员会（the Exotic Plant Pest Council）、黄石基金会（Yellowstone Park Foundation）。这些非政府组织凭借自身的影响力及强大的宣传手段，不仅能够从社会各界吸收资金和志愿者以提供给国家公园管理局，还能够唤醒和提高美国社会对国家公园的关注，开展自下而上的环保运动。针对已出现的重大问题，这些组织通过发起诉讼，向国会呼吁、游说，从而促进立法，进而对国家公园的管理体制产生深远影响。

（二）科研机构

科研机构参与国家公园的治理工作也由来已久。在国家公园的发展历程中，各项决策的制定都能找到学者的身影。国家公园的保护理念，经历了从自然保护主义到资源保护主义，再到生态系统全面保护的发展历程。这种转变是大量科学家对国家公园的设立、规划、保护、利用和管理进行长期研究的结果。科研机构的参与，为国家公园的治理提供了重要的技术支撑。国家公园管理局及其他相关的非政府组织为高校、研究机构提供了大量资金进行生物多样性保护、生态保护和恢复、资源利用方式以及历史文化资源等方面的研究，从而使各项管理工作都具有很强的专业性与技术性。

二、慈善伙伴

为了加强对国家公园体系和国家公园管理局项目的管理，国家公园管理局越来越依赖于与私营部门的“慈善伙伴”关系。其中一些关系是长期的，建立多年的；另一些则是专注于特定项目或项目需求的短期安排。目前，有超过200 个慈善组织与全国的国家公园合作，开展多样化的项目和计划。

“慈善伙伴”一词是指已达成慈善协议，为国家公园管理局筹款或以其他方式产生捐款的任何组织，包含了个人、非营利组织、营利性公司，以及公共机构等。这些机构的名字各异，涵盖各种基金会、信托基金、协会和保护协会等。从筹集资金修复数百年历史的建筑和维护游客设施，到增加教育和娱乐机会，举办特别计划和活动，动员志愿者和实习生，以及接受捐款以支持研究和修复项目，慈善伙伴以多种方式使公园受益。一些组织有全职的筹款人员，参与数百万美元的资本活动，另一些组织则提供志愿者支持或更有针对性的慈善支持，特别是支持规模较小或不太知名的公园或项目。无论它们的规模如何，它们在解决公园需求、在邻近社区发表意见以及创造未来的管理者方面都具有重要性。

除此之外，国家公园传统的慈善伙伴还包括上述的合作协会，这些协会会在适当的时候代表国家公园管理局接受捐款，并进行经授权的筹款活动。作为非营利组织，合作协会会吸引那些想要给国家公园管理局相关工作捐款的捐赠者。

现在，慈善领域也在不断发展，出现了新类型的慈善机构以及慈善机构的新功能，其中一些团体与国家公园管理局有不同类型的关系，通常提供教育或运营支持；有些则以地区或国家为重点，抱着相同的目的与国家公园管理局合作。随着新的地区被添加到国家公园体系中，以及国家公园管理局的项目在社区的发展，新的慈善与合作模式正在诞生，“慈善伙伴”关系为不断变化的环境所带来的新机会提供了空间。

第三节　学生保护协会

一、简介

学生保护协会（Student Conservation Association，SCA）成立于 1957 年，

是最大的为青少年和成人提供环境保护计划实践的机构，此协会的参与者主要在美国范围内的美国国家公园、海洋保护区、文化地标、社区绿地等进行保护和恢复。作为全美国最有效的青年保护服务组织，学生保护协会通过接纳各种背景的年轻人加入保护自然和文化资源的计划，用行动来改变自然生活环境，并致力于培养下一代保护领袖，鼓励终身保护环境和家园。

二、项目类型

学生保护协会针对不同年龄段和不同需求而设计了不同类型的项目。

（一）针对 18 岁以下

1. 国家船员项目

学生保护协会的国家船员（National Crews）项目为 18 岁以下的学生提供参观机会，让学生与船员一起在野外露营，尽情享受大自然，并为子孙后代修建小径、保护重要栖息地和保护自然资源。

该项目的主要活动有：完成国家、地区、州或当地公园的步道维护和修复项目；让学生住在现场的帐篷并自己做饭；发展协作和领导技能；与来自全国各地的其他高中生一起工作；了解当地的野生动物并帮助保护重要的栖息地；学习实用的户外技能并练习减少足迹；在非工作日与船员一起探索当地的户外休闲机会。

2. 社区工作人员项目

学生保护协会的社区项目提供了一种在从家到社区当地站点的途中保护环境的方法。社区工作人员（Community Crews）通过此项目可以结交朋友，改善城市的健康状况，并开始成为当地保护运动的领导者。社区计划还将给参与者提供其他学生保护协会机会，如国家船员计划。

该项目的主要活动通过三类团队成员，分别是青年船员、夏季社区工作人员以及应届高中生、大学生。

青年船员的主要活动包括：在整个学年的周末在其居住的城市做志愿者，领取津贴；修建小径、恢复河流和湖滨环境、保护栖息地；探索其所在地区存在的环保工作和职业机会；通过实地考察和周末露营以了解环境；通过服务项目回馈社区。

夏季社区工作人员的主要活动包括：与其余 6~12 名高中生一起工作培养协作和领导技能；完成国家、地区、州或当地公园的步道维护和场地修复项目；通过团队负责人带领的实地考察了解当地环境；探索所在地区存在的环境保护工作和职业机会；计划并进行一次休闲旅行，参加远足、划独木舟、骑自行车和露营等户外活动；赚取津贴或工资，或获得社区服务时间的积分。

应届高中生和大学生的主要活动包括：专业发展和技能建设；完成重要的保护和城市恢复项目；探索环保工作和职业机会；赚取津贴或工资，或获得社区服务时间的积分。

3. 区域工作人员项目

学生保护协会的区域工作人员（Regional Crews）为学生提供机会，让他们在家附近的地方为后代人修建小径、保护重要栖息地和保护自然资源。培养领导能力和户外技能，同时在家乡社区开展重要工作。

主要活动有完成步道维护和场地修复项目；在与所在地区的其他高中生一起工作时培养协作和领导技能；了解当地的野生动物并帮助保护重要的栖息地；学习实用的户外技能和不留活动足迹的方法；在非工作日与船员一起探索当地的户外休闲机会。

（二）针对 18 岁以上

1. 个人实习项目

（1）渔业和野生动物参与者项目

渔业和野生动物参与者（Fisheries and Wildlife Participant）项目将与地区渔业和野生动物计划合作。项目的工作内容包括环境教育和面向儿童和成人的公共宣传、数据输入、现场数据收集和报告撰写等。实地工作可能包括；鸟类调查、各种环境监测项目、渔业监测和栖息地恢复。申请人需要在棕熊国家和恶劣天气（寒冷和雨水）中工作。

该计划将为参与者提供非机动和机动水上船只操作和安全保障的培训。在实习期间，参与者将了解各种地区渔业和野生动物项目。个人娱乐机会包括骑山地自行车、远足、沙滩探险、钓鱼和冲浪等。

（2）自然资源和水质实习生计划

自然资源和水质实习生（Natural Resource and Water Quality Interns）将参与休斯敦市公园内的多个河岸森林栖息地恢复项目。日常任务将包括清除入侵物种和种植本地树木；每月将在每个地点进行水样采样，并每月开展志愿者工作日，以恢复和创建公园内的森林缓冲区。该类型的实习生主要关注自然资源管理。

（3）本地鳟鱼保护实习生计划

本地鳟鱼保护实习生（Native Trout Conservation Intern）将作为团队成员参与黄石国家公园的本地鱼类保护计划，协助割喉鳟鱼的保护和恢复，清除非本地鱼类，监测湖泊和溪流中的鱼类、大型无脊椎动物或水质。他们还将开展旨在保护割喉鳟鱼的应用研究，并协助实验室处理样本、数据输入和验证。

参与该计划的实习生需要具备一定的技能，包括拥有驾驶执照、在崎岖地形携带装备的能力、游泳能力、基本渔业和水生生态野外技术、基本的计算机技能、驾驶四轮驱动车辆能力、本地鳟鱼保护问题和挑战的知识、电鱼和网鱼技术、计算机数据输入技术等。在实习期间，实习生将会接受急救、心肺复苏、基本渔业、基本的水生生态野外采样技术等课程的培训。

2. 国家公园保护奖学金和美国花园俱乐部

（1）学生保护协会与美国花园俱乐部

学生保护协会和美国花园俱乐部（Garden Club of America，GCA）有着悠久的伙伴关系和协作历史，两者分别来自学生保护协会的创始人和花园俱乐部的成员丽兹·普特南，她是佛蒙特州本宁顿的本宁顿花园俱乐部的成员。在学生保护协会 60 多年的历史中，美国花园俱乐部及来自全国各地的会员俱乐部为学生保护协会提供了超过 100 万美元的资金支持。花园俱乐部以大大小小不同的方式为学生保护协会做出了贡献，从分享植物销售经验到与学生保护协会成员一起在全国范围内的公园和绿地进行步道恢复、入侵植物清除以及其他重要的保护和栖息地改善项目。

（2）萨拉·莎莉沙伦伯格·布朗国家公园保护奖学金

2010 年，美国花园俱乐部设立了一项国家公园保护奖学金，以纪念已故的萨拉·莎莉沙伦伯格·布朗（Sara Shallenberger Brown）。自 1939 年以来，布朗夫人一直是肯塔基州路易斯维尔格伦维尤花园俱乐部的成员，多年来为地方、国家和全球层面的环境问题和保护组织提供了积极而有影响力的服务。

该奖学金的目的是鼓励保护领域的研究和职业发展，为美国国家公园的持久利益服务。国家公园保护奖学金将颁发给从事保护和环境研究工作的学生，19~20 岁的本科大学生可以申请。该奖学金颁发的目的是让有价值的学生有机会担任学生保护协会船员的学徒船长。被录取的学生将成为国家公园现场工作的船员团队的一员。

3. 团队项目

作为学生保护协会学生联合会项目的一部分，团队项目利用年轻人团队合作，以实现有针对性的保护目标。

许多学生联合会项目都在偏远地区进行，团队成员们在那里修建小径、监测观察以防止森林火灾或恢复动植物的重要栖息地。其他学生联合会项目在城市或农村社区开展工作，成员们组队进行保护环境的教育宣传。

目前已经展开的阿迪朗达克美国联合会项目（Adirondack AmeriCorps Program）目的是维护纽约阿迪朗达克山脉的步道，是学生保护协会、纽约州环境保护部和国家与社区服务公司之间的合作项目。自 1998 年以来，学生保护协会的阿迪朗达克军团已为纽约的土地和人民提供了近 40 万小时的服务。每年，每 22 名志愿者贡献超过 2 万小时的服务时间来完成该项目，以改善和保护该州的文化、娱乐和自然资源。参与该联合会项目的人员需要具备一定的技能，如驾驶技能、团队合作、领导力、风险管理和冲突解决技能培训、荒野高级急救技能等。

4. 特殊项目

除了个人实习项目和团队项目，学生保护协会还为具有独特资格的候选人提供多种特殊项目（Special Programs）。

（1）职业探索实习项目

自 2008 年以来，学生保护协会和美国鱼类及野生动物管理局通过职业探索实习项目（Career Discovery Internship Program），将数百名一年级和二年级的大学生送上了职业道路。

在这些活动中，实习生与野生动物生物学家一起工作，并协助完成日常工作，包括栖息地恢复、入侵植物物种清查和清除以及一些动物监测。这些实习岗位通常需要全天在野外带着装备徒步旅行。

（2）国家公园管理局学院

自 2011 年以来，已有 500 多名实习生从学生保护协会的国家公园管理局学院（NPS Academy）“毕业”，这是一项创新性的体验式学习项目，旨在向 18~35 岁的本科生和研究生介绍国家公园管理局的工作机会。

该项目符合国家公园管理局的目标，即通过招聘具有包容性与多样性的劳动力来提高组织的专业性和卓越性，让学生保护协会向实习生介绍国家公园管理局的各种工作机会。项目从春假参观国家公园开始，进行为期一整个假期的实习。

（3）纽约州自然资源管家项目

纽约州自然资源管家项目（NYS Natural Resource Steward Program）是学生保护协会与纽约州生态环境部之间的合作项目，该计划在该州许多风景最优美的林地安排了 26 名管家，这些管家将履行广泛的管理职责，从人流量大的小道起点到偏远的偏远荒野都属于他们的工作范围。

参加该项目的管家将完成 16 周或 24 周的服务工作，于每年 5 月下旬开始工作。自然资源管理员以多种身份开展工作，主要工作包括为访客提供有关“不留人类活动足迹”原则的培训、步道建设和维护、入侵物种管理、野生动物监测、海岸线修复、紧急援助和搜救。

（4）退伍军人机会

学生保护协会提供一系列针对在环境领域寻求工作机会的新退伍军人的职业培训计划。学生保护协会欢迎美国退伍军人参加在全国范围内的所有联合会和实习计划，为他们提供退伍军人机会（Veterans Opportunities）项目。该协会认识到户外保护工作非常适合退伍军人，他们有与他人一起生活和工作的经历，有能力完成需要耐力和严格身体条件的任务，并容易适应户外生活环境或其他新环境。

同时，学生保护协会与其他联邦土地管理机构合作，提供培训计划，帮助退伍军人过渡到平民生活，并为这些军人从事保护工作做好培训准备，完成这些项目的退伍军人将获得野外消防、电锯操作、野外医学等方面的认证。

三、合作伙伴

（一）资源管理机构

学生保护协会一直是美国资源管理者的合作伙伴。帮助资源管理者完成关键项目。学生保护协会的人才库具有多元化、积极主动且高素质的特点。合作伙伴经常在报告中说，学生保护协会成员在为他们的工作场所注入新活力和重新关注时超出了预期。例如，学生保护协会和美国林业局联手减轻野火危险并促进该机构的劳动力发展；在休斯敦，学生保护协会和美国鱼类和野生动物服务局正在通过一项联合城市避难所计划向当地青年介绍户外活动；学生保护协会是众多与大自然保护协会和其他机构合作保护受石油影响海岸的机构之一。

（二）基金会

来自基金会合作伙伴的资金不仅为学生保护协会计划提供资金支持，还提供战略投资以提升协会的能力，使其能够不断改进其项目产品并为其服务的年轻人提供独特的体验。

主要基金会合作伙伴包括国家鱼类和野生动物基金会、海伦格利布朗基金会、双鱼基金会、国家公园基金会、凯塔遗产基金会、马苏步道和公园基金会等。

第四节　教师—游侠—教师计划

一、简介

国家公园管理局教师—游侠—教师计划（Teacher Ranger Teacher，TRT）计划让来自 K-12 学校的教育工作者通过国家公园管理局提供的资源和教育材料进行学习，同时也借用这些教育工作者的专业知识提升国家公园的教育项目。参加该计划的教师将有机会接触公园资源，参加关于课程规划的网络研讨会，开发至少一个课程供他们的课堂或学校使用，协助公园进行教育项目。这个项目将为教师提供一个独特的机会，将他们的教学技能与基于国家公园管理局的科学、技术、工程和数学教育资源、原始资料、实地学习相结合。

二、计划内容

该计划的重点内容是将国家公园单位和学校的教师与学生群体联系起来。老师们暑假有时住在公园里学习，他们根据自己的兴趣和公园的需要执行各种教育任务。该计划让教师将大部分时间花在参与公园教育项目、了解公园资源以及制订课程计划用以在课堂上和在公园内与学生一起使用。这些教师还将获取不同的经验，包括接触在国家公园单位来自不同职业领域的员工。当参与该计划的教师在秋季返回学校时，他们将部分课堂时间用于向自己的学生和其他的教育受众展示他们的计划项目。

由此，国家公园管理局引申出了“国家公园教师综合体”概念，而该计划是国家公园教师综合体概念的核心。国家公园教师综合体是一个综合性概念，它包含了教育工作者与国家公园产生互动的所有方式，包括志愿服务、身为教师的夏季季节性雇员、教师讲习班和专业发展研讨会、为国家公园工作或志愿服务的退休教育工作者，或包括其他教师参与的以公园为基础的活动。国家公园管理局通过国家公园教师综合体希望开发出教育工作者参与并实现国家公园教育使命的所有方式。

三、计划目标

该计划的目标是通过为教师提供专业发展培训机会，增加对学生外延知识的补充；为教师提供基于地点的学习体验；提供对国家公园丰富资源的访问，以便教师将其纳入课堂和学校；为教师提供与国家公园管理局解释资源和主题相关的新知识和教师技能；为公园提供教师的专业知识，以提升公园教育服务。

文化类国家公园案例研究

第一节　国家战场遗址——堡垒国家战场遗址

一、基本情况

堡垒国家战场遗址（Fort Necessity National Battlefield）是法国的印第安人战争（魁北克所称的征服战争）的遗址。法印战争是1754年至1763年英国和法国在北美的一场战争，并以在1754年于堡垒发生的战斗作为战争的首战标志，以法国从北美撤走权力而告终，并为美国革命奠定了基础。

二、法律与资金

（一）法律法规

《园长简编》（Superintendent's Compendium）是由每个国家公园园长制定的各国家公园具体规则的摘要。在《美国法典》中，国家公园园长被授予自由裁量权，以制定针对特定公园的相关规则，满足公园资源或活动、公园计划、项目和公众的特殊需求。

《园长简编》包含堡垒国家战场遗址和友谊山国家历史遗址的规则和条例。《园长简编》是根据《联邦法规》第 36 编第 1 至第 7 部分所载法规实施的公园特定规则的摘要。它作为公告，明确提出禁止公众使用的地区，提供需要特殊使用许可证或预订的活动清单，并详细说明了专门与公园管理相关的公共使用和资源保护法规。

（二）资金制度

堡垒国家战场遗址资金来自国会的拨款，以此履行其教育和服务使命。同时，外界向公园的捐款，被用来支持堡垒国家战场遗址的口译、教育和游客服务计划。除此之外，国家公园基金会作为美国国家公园的官方慈善机构筹集私人资金，也为堡垒国家战场遗址的保护管理工作提供了支持。

以上资金来源均是国家公园单位的常规来源渠道，除此之外，堡垒国家战场遗址还使用合作伙伴所筹集的资金。堡垒之友（Friends of Fort Necessity）是一群致力于与国家公园管理局合作，以促进和保护必要堡垒国家战场遗址的历史及其在美国发展中的作用的社会人士。这些人筹集资金，在公园推广志愿服务，并举办和参加特别活动，以支持堡垒国家战场遗址。此外，社会捐赠也是堡垒国家战场遗址的资金来源之一。

（三）捐赠制度

国家公园管理局欢迎并鼓励私营部门提供捐赠，以补充国会拨款给国家公园管理局的公共资金。国家公园管理局的第 21 号局长令中规定了捐赠和筹款政策，包括要求提供有关纪念捐款的信息。其中，包括货币捐款和物品捐赠。

货币捐款是指单个公园可以设有一个普通捐款账户，捐款被存入其中，纪念捐款被存入该账户中。直接捐款可发送至堡垒国家战场遗址相关负责办公室，而支票应支付给国家公园管理局。物品捐赠是指堡垒国家战场遗址接受支持公园需求和公园项目的商品捐赠。

三、志愿者

如果有兴趣成为必要性堡垒国家战场遗址的志愿者，可以选择成为个人或团体志愿者。

个人志愿者机会包括讲解员、教育援助志愿者、技术援助、图书馆援助、文书协助、资源管理助手、策展援助助手以及维修协助助手。

团体志愿者主要是参加相关志愿团体，这些团体分为不同的小组类型，按照参与者年龄和小组人数来分类，主要由戏剧艺术表演团、童子军团体、大学团体和兄弟会或联谊会、当地企业、公司和社区团体这几种主要团体组成。此外，公园还开发了杂草砍伐项目。

四、教育项目

堡垒国家战场遗址为教师和学生提供了许多方式来了解公园的主题，也提出了几种教育计划，并提供相关课程和针对不同年龄段学生的实地考察项目，引入互联网以便学生和公园护林员进行远程交流。

（一）课程

堡垒国家战场遗址课程提供三种课程教材《1754 至 1763 年法国和印第安战争》《国道旅行》和《成为乔治·华盛顿》。每本教材都有 5~8 个单元，并明确划分其适用的年龄段学生。这些教材主要提高青少年的识字能力和语言艺术水平，也展开了相关的社会研究，提升青少年的综合能力。

（二）实地考察

堡垒国家战场遗址全年为所有教育团体提供免费的导游和自助实地考察服务，主要受众为幼儿园和小学低年级学生，并以社会研究为主题展开实地教育。华盛顿山酒馆是实地考察开展的主体地点。

（三）远程解释计划

堡垒国家战场遗址推出了远程解释计划，其主要目的是为数十万的公园游客解读美国的早期历史。

第二节　国家战场公园——葡萄干河国家战场公园

一、基本情况

（一）历史底蕴

在美国第二次独立战争中，英国虽一度攻占至华盛顿，但其海、陆军在美国南部的葡萄干河的战役中却屡屡受挫。这场战争为美国博得国际声望，使美国民众的爱国热情高涨，但也加剧了美国与当地原住民部落的冲突。这场战役是特库姆塞的美洲印第安人联盟的最大胜利，由此产生的集会口号“记住葡萄干河”鼓舞了其他战区。

（二）发展历程

葡萄干河战场遗址原被一家废弃的大型造纸厂占据，直至20世纪80年代，门罗历史协会、门罗市、门罗港、门罗县、密歇根州的一些人意识到美国战场的意义，他们开始发动一场新的战斗以保护葡萄干河战场，该地于1982年被列入国家史迹名录。

2009年3月，美国国会授权建立葡萄干河国家战场公园（River Raisin National Battlefield Park）。2010年10月，12公倾的战场土地被捐赠给国家公园管理局，葡萄干河战场公园成为美国第393个国家公园，它作为奥巴马政府设立的新公园，于2010年10月22日加入国家公园体系，并于2011年5月正式开放，其园长总监为乔纳森・B. 贾维斯。

（三）建设意义

葡萄干河国家战场公园保存、纪念了1813年1月发生在密歇根州东南部门罗和韦恩县的第二次独立战争，是美国唯一一个致力于讲述战争后果的国家公园单位。游客可以了解到这场因欧洲向北美扩张而引发的多国战争，在对战争后果有直观认知之后，深入思索它对国家、对个人的影响。

二、合作伙伴制度

葡萄干河国家战场公园与多个组织建立了合作关系，以帮助国家公园管理局完成其使命。合作伙伴为教育、可持续发展计划、公园研究和管理解决方案提供重要支持。

葡萄干河国家战场公园基金会是一个非营利性慈善教育组织，与国家公园管理局合作，保护和开发密歇根州东南部的葡萄干河国家战场公园。

密歇根门罗市的使命是保护葡萄干河国家战场公园的生命和财产，同时最大限度地减少火灾、医疗和环境紧急情况造成的损失。

国家公园基金会是唯一的以直接支持国家公园管理局为使命的全国性非营利慈善机构，葡萄干河国家战场公园也从中受益。

三、公园利用

（一）旅游利用

1. 设施

葡萄干河国家战场公园设有游客中心和教育中心，以激发历史爱好者或普通游客的兴趣。游客中心提供葡萄干河定居点的立体模型、公园的方向地图，除此还可以了解护林员计划，在礼品店购物，在艺术剧院免费观看公园的新电影《葡萄干河不为人知的遗产》。教育中心博物馆目前正在开发与旧西北领地、五大湖历史、美洲原住民、法国人定居点、葡萄干河战役等公园内地点有关的展览，该博物馆于 2023 年开放。

葡萄干河国家战场公园还提供交互式网络服务，可以让游客足不出户，通过全景视图、3D 模型、虚拟导览等探索历史遗迹。

2. 人文旅游资源

葡萄干河国家战场公园涉及的多处资源承载了战争时期或原住民的文化。包括赫尔公路、国际和平古迹、纪念馆、士兵纪念碑、肯塔基纪念广场、寨子、碉堡、梅溪以及梅肯保护地等。

赫尔公路是1812年战争期间美国运送物资和人员的通道。战争结束后这条被改进用于军用，它见证了数千名伟大的战士、士兵和达官贵人来往，也见证了原住民的被迫搬迁。2000年休伦河水位降低，这条由树干铺成、穿过沼泽的路跨越200多年的时间得以显现，它是密歇根州最古老的州际公路，经过了该州一些最具历史意义的地点。

斯普林韦尔斯遗址是密歇根州最具历史意义的遗址之一，它具有深刻的文化意义，可以追溯到该地区一千多年前的第一批土著居民，是底特律文化不可或缺的组成部分。在战前，它为五大湖的原住民提供了优越的生活环境，并见证了他们的生老病死。在战时，这里因高海拔的沙质悬崖成为理想的军事营地以保卫底特律。在最后，土著领导人、美国军方、领土官员聚集于此，正式结束了敌对行动。此处遗址见证了战争的整个历程。

肯塔基纪念广场是部分战役遇难者和死于霍乱疫情的门罗居民的遗骸的埋葬地。纪念碑建成于1904年，是对该州民兵的永久致敬，警醒着人们战争、疾病是一场深重的灾难。

梅溪位于葡萄干河以南约5公里，1813年美国军队在此被土著战士包围，在400人中仅33人逃脱，这里是美国在第二次葡萄干河战役中对抗英国的一次战地。

梅肯保护地见证着过去美国与美洲原住民的土地纷争，已于2002年加入了美国农业部保护区增强计划，该保护地拥有美丽的步道，游客在公园散步即可体验到19世纪初密歇根州东南部原住民居住的高草草原。

（二）研学项目

公园为不同年级的学生提供了多种研学项目。四年级学生只需完成一项有趣的教育活动，并打印一张纸质代金券，就可以获得免费的通行证，除学生外，其家庭成员也可以一并免费访问2000多块联邦土地和水域。这种活动可以有效调动家庭对研学的积极性，增加孩童对历史文化的了解。

公园开放了佩里教育日，使公园可以成为学生的户外教室。佩里教育日有线上线下两种参与方式，学生可以在线下享受实地考察的同时收获知识，也可以在线上收获不一样的学习体验。历史遗迹是跨越时间空间的纽带，学生可以将自己当地的历史与国家事件联系起来，通过查阅材料文档、地图照片以及参与活动，学生也可以将考察地点与美国历史联系。

此外，学生还可以以本公园为野外旅行目的地，在葡萄干河中划皮划艇等，享受自然的乐趣。

（三）遗产步道

园内有 1 公里长的战地环路，这条路上的历史标志可供游客身历其境地感受历史氛围。除此还有沿经战场场地的 2 公里木石跑道。葡萄干河国家战场公园是葡萄干河遗产步道的一部分，这一步道也可以通往邻近的斯特林州立公园。遗产步道设有 13 公里长的远足自行车道，该道不仅保障了游客进行步行、跑步、骑行、滑旱冰等活动时的安全，还为他们提供了优美的风景，同时还连接着主要的历史遗迹、州和地方公园、具有全国意义的建筑和生态景致。

第三节　国家军事公园——葛底斯堡国家军事公园

一、基本情况

葛底斯堡战役（Battle of Gettysburg）是 1863 年 7 月 1 日至 3 日所发生的一场决定性战役，属于葛底斯堡会战的最后阶段，于宾夕法尼亚葛底斯堡及其附近地区进行，是美国内战中最著名的战斗，经常被引以为美国内战的转折点。美国亚伯拉罕·林肯（Abraham Lincoln）总统也曾在此地发表慷慨激昂的葛底斯堡演讲。

二、管理制度

（一）相关文件

国家公园系统下的每个独立公园都有一份基础文件，为公园的规划和管理决策提供基本指导。《葛底斯堡国家军事公园》以及《艾森豪威尔国家历史遗址》是葛底斯堡国家公园军事公园的重要管理文件。《葛底斯堡国家军事公园》主要对葛底斯堡国家军事公园的整体情况作一个概述，并阐述该公园建立的目的和重要性，同时也简要介绍了园区内拥有的基本资源和珍稀物种。艾森豪威尔国家历史遗址归属葛底斯堡国家军事公园所管辖，是美国第 34 任总统艾森豪威尔将军的府邸和农场所在地。保护该处遗址的主要目的是通过艾森豪威尔将军的生平事迹更好了解葛底斯堡战役在美国内战中的作用和位置。

（二）基金制度

葛底斯堡基金会（Gettysburg Foundation）是一个非营利性的慈善教育组织，与国家公园管理局合作，保护葛底斯堡国家军事公园和艾森豪威尔国家历史遗址，并教育公众了解其重要性。基金会拥有并运营葛底斯堡国家军事公园博物馆和游客中心，还负责管辖大楼附近的场地和停车场。

（三）捐赠制度

游客、社会慈善机构、教育团体、公司和小团体可通过位于公园游客中心内的捐赠箱为公园保护和战场修复项目、博物馆藏品、导游服务和生活历史项目以及维修野外展品、炮车车厢和古迹提供资金，也可通过邮件的方式将捐款发送至公园园长办公室。

三、志愿服务与火灾管理

（一）志愿服务

葛底斯堡国家军事公园推出三种不同的志愿服务计划，以为游客提供更优质的参观体验。

1. 游客服务计划

参加此计划的志愿者是为公园游客提供信息、指导和帮助，从而促进游客更多地享受、使用和关注公园及其资源。志愿者工作主要分为广场志愿者、引导者、前台咨询、博物馆巡逻员、资源室助理和士兵国家公墓志愿者，还可以在西区导游站参与协助游客引导工作。

2. 公园观察计划

公园观察志愿者在葛底斯堡国家军事公园和艾森豪威尔国家历史遗址的公园内工作，协助执法护林员确保游客安全和保护公园资源。志愿者通过在公园土地和边界巡逻并进行监视工作，以发现任何非法或可疑活动的证据。该志愿者充当公园执法部门的“眼睛和耳朵”，向值班的工作人员报告观察结果，或在特别活动中协助交通并控制人群。

3. 童子军游侠补丁计划

儿童可以参加游侠补丁计划，了解国家公园管理局的使命，帮助保护国家的自然、文化和历史资源，也可以相对自由地探索国家公园内部。

（二）火灾管理计划

葛底斯堡国家军事公园和艾森豪威尔国家历史遗址的远程火灾管理计划根据联邦荒地和规定火灾管理政策制订。国家公园管理局第 18 号局长令规定，所有植被茂密且火灾隐患大的国家公园必须制订火灾管理计划。同时，该局长令还为葛底斯堡国家军事公园和艾森豪威尔国家历史遗址制订了联合火灾管理计划，因为这两个国家公园由共同的国家公园管理局工作人员管理。

四、公园利用

（一）设施租赁

园区内有四座历史建筑可供用于短期度假的租赁。它们提供了一个独特的机会，向公众开放，为游客提供身临其境的过夜体验，并创造收入以支持整个公园的保护工作。

（二）研学项目

葛底斯堡国家军事公园为教师和学生提供了多样的方式来深入了解公园，在提高学生的综合素质的同时也提升了教师的专业能力。公园在青少年发展方面除了推出“伟大任务”青年领导力计划之外，还设有实地考察、远程视频交流学习、日间课程和特殊儿童的学习项目。此外，还设有专门团队负责教师素质的提升工作。

1. 实地考察

把公园作为教室，实地考察并了解在葛底斯堡战役中不为人知的故事，前往士兵国家公墓悼念在战役中壮烈牺牲的士兵，实地感受内战时期士兵的生活，体会在战地医院照顾伤员的感受。在考察过程中学习基本生存技能和物理化学基本常识。

2. 日间课程和特殊教育

该教育项目主要适用于家庭、家庭学校与特殊儿童。在家庭冒险计划中开设了两个俱乐部，分别是历史儿童阅读冒险俱乐部、时间旅行者阅读冒险俱乐部。特殊教育活动则为听障儿童、视障儿童和自闭症儿童提供教育机会。

第四节　国家历史公园——切萨皮克和俄亥俄运河国家历史公园

一、基本情况

切萨皮克和俄亥俄运河国家历史公园（Chesapeake and Ohio Canal National Historical Park），是以全长 297 公里的切萨皮克和俄亥俄运河及沿岸为景观的国家历史公园。运营了近 100 年的切萨皮克和俄亥俄运河是波托马克河沿岸社区的生命线，因为煤炭、木材和农产品可以顺流而下进入市场。

切萨皮克和俄亥俄运河从 1828 年至 1924 年作为一条运输路线，主要将煤炭从马里兰州西部运至华盛顿特区的乔治敦港。包括水闸、锁房和引水渠在内的数百个原始建筑构成了运河运输系统。此外，运河的纤道提供了一条近乎水平的、连续的小径，穿过了壮观的波托马克河流域。

二、管理制度

（一）咨询委员会

除国家公园管理局外，切萨皮克和俄亥俄运河国家历史公园咨询委员会通过共同审议公园面临的大量资源和游客问题来支持公园的运行，通常一年召开一次会议。委员会参与讨论波托马克河沿岸的游客安全、风景区管理、土地交换和参与公园的战略规划过程等问题。

（二）法律法规

作为国家公园单位，切萨皮克和俄亥俄运河国家历史公园受到各种法律、政策和法规的约束。以下是管理切萨皮克和俄亥俄运河国家历史公园的一些主要的法律和政策。

1.《园长简编》

《园长简编》是规范公园活动的主要政策法规。讨论了公园园长可授权的关闭、请求和限制。包含有关许可证、自然资源、船坡道进入营地位置、动物活动限制和其他有关公园使用的重要规则的信息。《园长简编》还另外附带一份地图文件以便更好圈定活动范围。

2. 枪支条例

美国《联邦法规》规定，在国家公园的活动范围内使用枪支必须遵守地方和州的地方法律，同时《联邦法规》也继续禁止在切萨皮克和俄亥俄运河公园内的联邦设施使用枪支。具体参考马里兰州和哥伦比亚特区的法律。

3. 火灾管理计划

国家公园管理局制订了火灾管理计划，以保护人类生命、财产、自然和文化资源，同时也保护了切萨皮克和俄亥俄运河多年。该计划包括准备、培训和预防等内容，通过制度建设加强火灾预防，并在火灾发生时进行救灾。

除了以上几种法律政策之外，切萨皮克和俄亥俄运河还受不同的管理计划约束。如切萨皮克和俄亥俄运河国家历史公园授权立法、切萨皮克和俄亥俄运河国家历史公园 5 年战略计划、切萨皮克和俄亥俄运河国家历史公园志愿者计划评估报告、切萨皮克和俄亥俄运河国家历史公园志愿者行动计划、切萨皮克和俄亥俄运河国家历史公园志愿者行动计划听证会。

（三）合作伙伴

通过向公园的合作伙伴捐款，可以帮助支持切萨皮克和俄亥俄运河国家历史公园的教育、艺术和文化、宣传、志愿服务和娱乐项目。公园有三个合作伙伴：切萨皮克和俄亥俄运河信托、大瀑布酒馆之友和乔治敦遗产。

1. 切萨皮克和俄亥俄运河信托

切萨皮克和俄亥俄运河信托成立于 2007 年，是切萨皮克和俄亥俄运河国家历史公园的官方非营利合作伙伴。作为公园的官方合作伙伴，切萨皮克和俄亥俄运河信托基金致力于筹集资金和资源，为公园提供资金优势，并增强游客体验。信托公司还通过慈善事业、志愿者机会、解释、教育计划和宣传，为所有年龄段有能力的人提供真正和有意义的参与机会。他们还在将公园与邻近社区和整个地区其他组织联系起来方面发挥领导和支持作用。

2. 大瀑布酒馆之友

大瀑布酒馆之友是一个全志愿者的非营利组织，成立于 1973 年。它的主要任务是支持切萨皮克和俄亥俄运河国家历史公园的国家公园服务，以维护和保护大瀑布酒馆游客中心及其周边地区。此外，社会人士也支持切萨皮克和俄亥俄运河及其沿岸的许多历史建筑的长期保护工作。这种支持是通过志愿者实践和财政资源提供的。

这些人还举办社交活动，以增进友情，并分享有关大瀑布酒馆、切萨皮克和俄亥俄运河的信息。这些活动包括每年前往运河相关的历史地点，参与切萨皮克和俄亥俄运河协会举办的夏季野餐。

3. 乔治敦遗产

乔治敦遗产成立于 2014 年，旨在振兴和解释乔治敦的国家公园管理局资产，使其成为十分具有吸引力的旅游目的地。他们的首要任务是恢复和振兴贯穿乔治敦的切萨皮克和俄亥俄运河的河段。乔治敦遗产正在组织运河沿岸的社区筹集公共和私人资源，以恢复和活跃切萨皮克和俄亥俄运河的乔治敦部分。

三、社会参与

（一）志愿服务

公众参与志愿服务的方式有很多，公园为各种兴趣的公众提供有价值的志愿者职位。在公园推出的志愿者计划中，包含以下几种志愿者职位：安提坦溪露营地主理人、比利山羊步道管理员、自行车巡逻员、运河管家、运河步行者、船员、导游、游客中心引导员和紧急医疗服务志愿者。

（二）信息开放

规划、环境和公众评论网站（Planning, Environment & Public Comment, PEPC）是国家公园管理局项目的综合信息和公众评论网站。切萨皮克和俄亥俄运河公园的项目会出现在规划、环境和公众评论网站和网站的列表中，向大众开放，以便公众审查。

（三）实习机会

到目前为止，公园提供了两种可以报名参与的实习机会，分别是纤道维护人员以及口译与客户服务人员。与此同时，公园也在和其他组织商讨争取更多深入合作、创造更多实习机会。

四、公园利用

（一）教育项目

公园以 K-12 教育项目和学习资源为特色，与当地学校教师合作开发，开设了各种各样的学习项目，还会举办一些以课程项目为基础的学习竞赛。

1. 运河之声竞赛

这是一个富有创造力的学生竞赛，主要参赛形式为提交研究论文或艺术插图，参赛项目适合小学生、初中生、高中生不同年龄段。

2. 远程学习

该项目可以帮助学生借助远程学习的方式来进一步了解公园的历史故事。在虚拟游侠程序中，可以了解到公园的形成以及公园中的自然资源等。还可以通过网站提供的故事地图深入了解公园的历史，故事地图提供了一个视觉学习机会，可以通过文本、图像和视频去探索一个主题。师生们可以通过浏览网站上的课程资源达到以下目的：在网站上阅读相关教育文章，了解有趣的历史、令人叹为观止的自然和复杂的运河保护技术；观看相关的运河视频，了解运河历史；在图片库中查看切萨皮克和俄亥俄运河国家历史公园过去和现在、历史事件所遗存下的照片等。

3. 教师专业发展

从教师研讨会到暑期实习，再到季节性实地考察，教师们可以从各方面全面性地提高自己的专业素质，以便更好地带领学生前往运河参与实地考察。

（二）旅游开发

切萨皮克和俄亥俄运河国家历史公园在公园官网上详细地公布了公园的旅游概况，同时也出版旅游小册子，加大公园的宣传力度，让外界更了解公园。

1. 住宿

切萨皮克和俄亥俄运河信托计划在运河沿岸的锁房中提供各种住宿选择。游客可以选择住在历史悠久的锁房里，也可以住在纤道周边小镇上，当然也可以选择在公园园区内的露营地露营。公园提供了两种不同类型的露营地，分别是徒步旅行者和骑自行车者的原始露营地以及个人和团体的可保留露营地。

2. 游客中心

运河沿岸有 6 个不同的游客中心对游客开放，分别是：乔治敦游客中心、大瀑布酒馆、不伦瑞克游客中心、威廉斯波特游客中心、汉考克游客中心、坎伯兰游客中心。

3. 公园活动

游客在公园园区内可进行多姿多彩的活动。他们可以在公园内的步道上进行骑行或者骑马活动，也可以在河道内开展帆船活动和捕鱼活动。公园内有多条步道可供选择：阿巴拉契亚国家风景步道、约翰·史密斯船长切萨皮克国家历史小径、波托马克遗产国家风景步道、西马里兰铁路小径、首都新月小径。在冬季还可以开展多种活动，如滑冰、冰钓以及越野滑雪。

第五节 国家历史公园——查科文化国家历史公园

一、基本情况

查科文化国家历史公园（Chaco Culture National Historical Park）是美国最奇妙的文化历史区之一，位于美国新墨西哥州（New Mexico）西北部一个干旱的峡谷之中，面积为 88 平方公里，1907 年建园。查科峡谷是公元 850 年到公元 1250 年期间的一个古印第安文化、宗教、贸易中心，并且是史前四角地区的行政中心。查科峡谷曾经的繁华景象在古印第安的历史上都是绝无仅有的。查科文化因为它的文化纪念性和独特的建筑风格而闻名世界。

二、法律法规

（一）《园长简编》

《园长简编》主要记载关于查科文化国家历史公园园长酌情授权的公园特定或指定、许可证要求、关闭或禁止园内活动和其他限制的信息。这些规定适用于查科文化国家历史公园界内国家公园管理局管理的所有土地和水域。

（二）枪支政策

游客在进入园区之前有责任了解并遵守州、地方和联邦枪支法。查科文化国家历史公园不得放火，并且任何时候都禁止狩猎。美国《联邦法规》禁止在公园的某些设施（如游客中心、政府办公室等）使用枪支。

三、社会参与

（一）合作伙伴

查科文化国家历史公园与许多地方、部落、州、国家和国际合作伙伴合作具体的合作方式有：查科文化部落代表定期与公园进行沟通交流并提供宝贵的帮助；历史研究人员和考古学家参与公园调查研究该遗址；公园与当地学校和学院合作扩大公园的教育范围。现阶段公园已经建立了许多有价值的伙伴关系，这些伙伴关系对查科文化国家历史公园的遗产保护和延续至关重要。

1. 联合国教育、科学及文化组织

教科文组织寻求鼓励识别、保护和保存世界各地被认为对人类具有突出价值的文化和自然遗产。1987 年，查科文化国家历史公园被指定为世界遗产，加入了中国长城、希腊卫城、约旦的佩特拉、英国的巨石阵和其他被认为对人类具有突出价值的遗址的行列。

2. 西部国家公园协会

西部国家公园协会是一个非营利性合作协会，支持国家公园管理局的多项活动。该协会在美国西部的许多国家公园遗址经营书店，并设有一家线上商店。除了刊登出版物外，该协会还支持公园研究，并资助公园参与更有意义的项目。

3. 国际黑暗天空协会

由于在城市和其他地区广泛使用人工照明，数百万儿童将永远看不到银河系。国际黑暗天空协会倡导保护夜空，鼓励对环境友好的户外照明，并向公众提供恢复夜空的工具和资源。

查科文化国家历史公园是美国大陆为数不多的拥有自然、黑暗的夜空的地方之一。2013 年，该公园被指定为国际黑暗天空网站的合作者之一，双方合作，通过最大限度地减少人工照明、使用定向照明和其他方法来保护这种自然、黑暗的夜空。

4. 查科文化保护协会

查科文化保护协会是一个非营利组织，与查科文化国家历史公园和阿兹特

克遗址国家纪念碑合作，为特殊项目和教育项目筹集资金。

（二）志愿服务

志愿者通过公园志愿者计划和学生保护协会计划为查科文化国家历史公园贡献超过 8500 小时的服务。志愿者几乎参与了公园运营的各个方面，他们可以选择为公园进行全职工作，也可以在空余时间投入志愿服务，比如，每周工作一天，或者在一个特殊项目上工作几个小时。游客、居民、家庭、学校团体、童子军、俱乐部和企业人士都可以成为志愿者群体之一，帮助经营小径、露营地、博物馆、游客服务、图书馆、办公室和资源管理。志愿者通过分享专业知识，进一步帮助保护和保存公园资源。

四、公园利用

（一）考古资源

查克文化国家历史公园丰富多样的古生物学代表了地球上生命历史的 1000 万年。该公园的地层多样性丰富，可以通过考古了解白垩纪晚期古生物的生活状态。

（二）教育项目

查科文化国家历史公园不论从人文历史还是从生物历史来看，都是一个极具教育意义的公园。

1. 课程材料

公园和各方专家团队合作挑选最适合青少年的课程读物，包含动植物、考古历史等方面的课程材料。

2. 考察调研

查科文化国家历史公园保留了公元 850 年至 1250 年之间的普韦布洛文化的主要中心，以其不朽的建筑、艺术、天文学和农业而闻名。同时，查科文化国家公园是一个特别的地方，位置偏远，园区内几乎没有便利设施。这需要实地考察的青少年做好准备，挑战自我，学会自我生存。

3. 专家讲座

查科文化护林员、考古学家、地质学家、生物学家和古生物学家可以在公园内的 K-12 教室举办讲座。讲座内容包括考古学、文物保护、地质学、野生动物、本土植物等专业知识。

第六节　国家历史公园——黑石河谷国家历史公园

一、基本情况

黑石河谷国家历史公园（Blackstone River Valley National Historical Park）所在区域从马萨诸塞州的伍斯特一直延伸到罗得岛的普罗维登斯，是美国历史上最悠久的地方之一，常被描述为美国工业革命的发源地。黑石河谷国家历史公园所在的这片水域容纳了几家纺织厂，这些纺织厂推动了美国工业革命，并帮助美国劳动力从农场转移到工厂。

黑石河谷国家历史公园的建立是为了帮助保护以体现黑石河谷工业遗产等具有全国意义的资源。该公园还将保护该地区的城市、农村和农业景观特征（包括黑石河和运河）。

二、合作伙伴

黑石河谷国家历史公园与合作伙伴合作已有 30 多年的历史，这一传统直至今天也在延续。国家公园管理局目前仍然只能支配或管理公园园区内的一小部分土地，因此与合作伙伴合作保护公园内的所有资源是关键。

（1）黑石河谷遗产走廊公司

这个公司是官方非营利合作伙伴，负责监督保护黑石河谷的遗产，并致力于保存黑石河谷的文物。

（2）黑石河州立公园

该公园由罗得岛州环境管理部拥有和管理，管辖范围包括威尔伯 · 凯利船长之家交通博物馆、凯利之家谷仓和黑石河部分自行车道。

（3）老斯莱特磨坊协会

该协会是老斯莱特磨坊国家历史地标的长期看护人，负责保护老斯莱特磨坊的文物资源。

三、志愿服务与规划

黑石河谷国家历史公园积极寻找志愿者为公园提供志愿服务包括：为游客中心前台配备工作人员；在老磨坊提供导游项目；为黑石河州立公园的游客联系站提供工作人员，并帮助公允的维护人员维护公园内的美丽。公园接受学习历史的本地学生申请实习生机会，成为公园的守护者。

国家公园管理局正在征求公众意见，以指导制定黑石河谷国家历史公园的公园管理规划。该规划正处于开发的早期阶段，国家公园管理局正在寻求公众和当地社区成员的反馈，以帮助确定关键问题、机会和潜在的管理策略。

第七节　国家历史遗址——波士顿非裔美国人国家历史遗址

一、基本情况

波士顿非裔美国人国家历史遗址（Boston African American National Historic Site）是波士顿国家公园（Boston National Historical Park）管辖范围内的一个公园。正如它的名字一般，这个国家历史遗址的设立更多是为了纪念为废除黑奴制度而做出贡献的人们，也为了祭奠那段动人心魄的历史。

在这里，人们可以探索波士顿的地下铁路枢纽概况，也可探寻关于波士顿人如何组织起来庇护和保护那些前来寻求自由的人的不可思议的故事。从该遗址可了解到马萨诸塞州第 54 团为美国的胜利和废除全国奴隶制的作用，了解志愿步兵团对黑人队伍的士气和人力的提升做出的贡献。园区内的灯塔山社区对波士顿历史的作用非同小可，这里的居民、他们建造的家园和聚集空间在波士顿独特的社会、文化和政治历史中发挥了变革性作用。在灯塔山成长的黑人既支持黑人活动的同时，他们的足迹也遍布全国，为解放黑奴而工作。

二、管理制度

（一）法律法规

1.《园长简编》

《园长简编》补充了《联邦法规》第36编未规定到的部分，以及还包括适用于国家公园管理局管理的区域的其他美国法典和法规标题，以及与公园管理相关的公园特定法规，如探访时间、关闭时间、许可证和游客活动许可等。波士顿国家历史公园的现在所使用的《园长简编》于2022年11月16日由现任园长签署，并将在园长修订或补充之前一直有效。

2. 枪支政策

游客可以在该园区内拥有枪支，但必须事先了解并遵守联邦、州和地方法律条规。如果美国《联邦法规》禁止在某些公园设施和建筑物中携带枪支，这些地方的入口处会有相关标志以警示。

（二）管理主体

波士顿非裔美国人国家历史遗址管理局负责管理公园，并与非洲博物馆合作共同阐释这一段美国历史。波士顿市和私人业主将促进、保护和阐述19世纪波士顿灯塔山上非裔美国人社区的历史。

三、社会参与

（一）捐赠机制

波士顿非裔美国人国家历史遗址欢迎社会各界的相关捐赠，游客可直接向国家公园管理局进行免税捐款。

（二）志愿服务

志愿者在波士顿非裔美国人国家历史遗址发挥着不可或缺的作用。灯塔山学者等重要志愿者团体帮助研究和规划特别活动，如，每年 10 月举行的年度妇女勇气游行，以纪念波士顿女性反奴隶制协会。

波士顿国家公园所提供的志愿者机会包括：查尔斯敦海军造船厂的监工、星期六的波士顿港群岛的管理员、鸟类监测志愿者与导游等。

（三）合作机制

1. 法定合伙人

非裔美国人历史博物馆是新英格兰最大的博物馆，致力于保护、保存和阐述非裔美国人的贡献，也是该公园的法定合伙人，由国家公园管理局对公园进行管理。在波士顿和楠塔基特，博物馆保存了四个历史遗迹和两条黑人遗产小径，讲述了从殖民时期到 19 世纪有黑人社区的故事。

2. 社区合作伙伴

灯塔山学者有限公司（Beacon Hill Scholars, Inc.）是该公园的社区合作伙伴。灯塔山学者是一个多元化的个人群体，他们寻求研究、保存和阐述与 19 世纪初曾经在灯塔山蓬勃发展的非裔美国人社区相关的历史。作为一个团体，他们在早期社区开始的使命和灵感的基础上，继续促进正义、平等以及承担相关的社会和经济责任。

3. 合作伙伴倡议

为了解马萨诸塞州第 54 团的故事和保护纪念碑的努力，公园的合作伙伴提出了合作伙伴倡议，提出重建纪念馆的建议。

四、公园利用

（一）教育项目

波士顿非裔美国人国家历史遗址所开展的教育项目是基于其本身所处的地理位置所拓展的学习项目。

基于地点的教学和学习体验使学生能够为自己定义意义，并提高他们对自身的判断能力。波士顿非裔美国人国家历史遗址让学生深入了解波士顿历史的重要部分，并有机会了解这座城市的多维叙事方式。对黑色遗产小径的保护和与争取平等教育的斗争、1850 年逃亡奴隶法、废奴主义、地下铁路以及非裔美国人在内战中的作用等相关资源开展讲解与教学。

1. 学习机会

波士顿国家公园与波士顿港口的合作伙伴一起，与波士顿公立学校密切合作，为波士顿青年提供免费的学习机会。这种充满活力的伙伴关系通过共同创造的多维体验来加深波士顿青年与他们的城市之间的联系，这些体验让学习者深入了解他们城市的过去、现在和未来。

波士顿国家公园支持学生探索波士顿自由黑人社区为平等和正义而战的相关内容。通过各种项目，学生可以深度了解波士顿自由黑人社区为平等和正义而战的背景、过程和意义。波士顿地点教育计划支持不同年级水平的学生参与其中，并与课程标准保持一致。每个项目都是与波士顿公立学校教师合作进行开发。

2. 地点教育

波士顿地点教育是一个教学和学习合作组织，致力于与波士顿公立和特许学校教师合作，以支持扩大学生入学和教师专业发展的机会。波士顿地点教育在波士顿一些最具标志性的地点开设工作室，为教师提供专业发展机会。

（二）旅游利用

1. 可参观的景区

游客可以游览黑色遗产小径，这条小径展示了与美国内战之前、内战期间和内战之后在灯塔山北坡和附近黑人社区相关住宅和社区建筑，沿路的建筑众多。小径的最后一站是阿比尔・史密斯学校和非洲聚会所，也是非裔美国人历史博物馆的一部分。

2. 交通路线

波士顿及其历史遗迹可以通过几种不同的交通方式进入。游客可以通过地铁、公交车、火车或通勤铁路、汽车等方式前往黑色遗产小径、非裔美国人历史博物馆和游客中心。

第八节　国家历史遗址——惠特曼传教团国家历史遗址

一、基本情况

惠特曼传教团国家历史遗址（Whitman Mission National Historic Site）曾经是卡尤斯一族的居住地，也是卡尤斯族印第安人和白人移民爆发领地冲突的地方，即卡尤斯战争的发生地。1847 年，定居在今美国华盛顿州沃拉附近的卡尤斯族印第安人因麻疹流行死亡多人，但卡尤斯人误认为这是白人传教士的过错，发动战争杀死 14 名白人并俘虏 53 人。一些早就企图侵吞土地的白人移民以此为借口趁机侵占卡尤斯人领地，美国联邦军队也奉命前来镇压卡尤斯人。1850 年 6 月 3 日，几名卡尤斯人被以谋杀罪处死，此后双方冲突不断。1855 年，在美军和俄勒冈州殖民区民兵的联合进攻下，卡尤斯人战败，这次战争使得卡尤斯族人口锐减，领地多被白人掠夺。今天，这个地方成为惠特曼传教团国家历史遗址。

二、管理政策

每个国家公园都要遵守《园长简编》，除此之外，惠特曼传教团国家历史遗址还受其他文件约束。

（一）枪支条例

进入园区之前，游客有责任了解并遵守所有的州、地方联邦枪支法。联邦法律禁止在这个公园的某些设施中使用枪支。

（二）意义声明

公园出台了一份意义声明，表达了为什么惠特曼传教团国家历史遗址的资源和价值足够重要，值得被指定为国家公园单位。这些声明与公园设立的宗旨关联，并得到相关数据研究机构的支持。意义声明描述了公园的独特性，并为管理决策提供了建议信息，致力于保护公园最重要的资源和价值。

（三）公园统计文件

1936年6月29日，罗斯福签署了立法，将惠特曼传教团遗址作为国家纪念碑和国家公园管理局的单位。1962年5月31日，惠特曼传教团国家纪念碑改为国家历史遗址，名称的改变强调了该遗址的历史意义，以及对任务地点、纪念馆和历史背景提供更全面视角的必要性。在立法中，设立了相关部门以统计公园资源和公园各方面具体数据，最终形成了该公园的统计文件。

三、捐赠制度与就业机会

（一）捐赠制度

惠特曼传教团国家历史遗址不收取门票，但外界可以向护林员捐款项目随时捐款，以支持公园和游客设施与服务。游客可以将捐款直接放在公园游客中心内的捐款箱里。公众也可以向“发现你的西北部组织（Discover Your Northwest，DYNW）”等组织捐款，以支持公园的运营。这些组织为公园的升级和项目提供资金和赠款，激励游客成为这个公园的项目和服务的支持者。

（二）就业机会

惠特曼传教团国家历史遗址提供各种就业机会，填补了许多领域的职位空缺，包括口译、维护和资源管理。有些工作是以办公室为导向的，有些则涉及户外工作，许多是两者的结合，每项工作对于保护这个地方与众不同的自然和文化特征都很重要。

美国青年保护团（Youth Conservation Corps）是一个夏季青年就业计划，让年轻人在国家公园、森林、野生动物保护区和鱼类孵化场获得有意义的工作经验，同时培养青年的环境管理能力以及公民责任。每年，惠特曼传教团国家历史遗址都会为多个青年保护团成员提供工作，均为全职的带薪职位。

四、公园利用

（一）教育项目

惠特曼传教团国家历史遗址一直是学生探索历史的重要地点。每年约有5000名学生到公园进行实地考察，了解惠特曼斯、卡尤斯、俄勒冈小径和其他历史、文化、野生动物等。

1. 实地考察

实地考察教育项目侧重于：为学生提供与公园资源和历史构建情感联系的机会；向学生介绍国家公园管理局的使命和惠特曼传教团的活动；为学生提供可以补充课堂学习目标的、基于课程的户外教育内容；向学生介绍惠特曼传教团国家历史遗址的文化和自然资源价值。

2. 课堂资源

学生和教师可利用的课堂资源种类丰富，涵盖范围广。例如，公园的25分钟电影是对复杂多元文化历史的精彩介绍，探索惠特曼任务的历史，以及战争、绞刑和卡尤斯人领地被占领的痛苦。编写教师指南为教师提供惠特曼传教团国家历史遗址的卡尤斯视角，让教师更好地了解公园。

3. 初级游侠计划

惠特曼传教团国家历史遗址还提供了初级游侠计划，让孩子们更好地了解公园资源和相关历史，建立文化自信。

（二）旅游利用

园区内旅游资源丰富，适合旅游用途，并借助互联网发布公园历史照片，让游客更好地了解公园情况。

1. 旅游活动

游客可以通过参观小径来游览园区，在过程中甚至可以发现野生动物的足迹，也可以参与护林员项目，或者在惠特曼传教团野餐区享受野餐。除此之外，游客还可以通过国家公园管理局的应用程序了解惠特曼传教团国家历史遗址的历史，也可以通过参观游客中心的博物馆，了解来自卡尤斯、惠特曼夫妇和其他 19 世纪在惠特曼传教团公园生活过的人的生平事迹。

2. 游客中心

惠特曼传教团国家历史遗址游客中心包括一个博物馆和一家礼品店。

3. 公园商店

公园商店由“发现你的西北部”组织运营，该组织是国家公园管理局的官方非营利合作伙伴，致力于支持惠特曼传教团国家历史遗址的教育使命。公园商店有各种各样的成人和儿童书籍、纪念品、毛绒玩具等。

第九节　国家历史遗址——友谊山国家历史遗址

一、基本情况

友谊山国家历史遗址（Friendship Hill National Historical Site）位于宾夕法尼亚州西南部，新日内瓦路 223 号。友谊山国家历史遗址是历史名人阿尔伯特·格拉廷（1761—1849，Albert Gallatin）的庄园所在地。阿尔伯特·格拉廷是美国早期政治家，在平定威士忌叛乱中起到关键性作用，并由此开始他的政治生涯。阿尔伯特·格拉廷曾是国会议员，是美国杰弗逊总统和麦迪逊总统两任总统领导下的财政部部长，帮助建立了纽约大学。

二、法律法规

（一）《园长简编》

友谊山国家历史遗址和堡垒国家战场遗址（Fort Necessity National Battlefield）被划编到同一个单位下受《园长简编》的共同管理。

（二）枪支条例

在进入园区之前，游客有责任和义务提前了解相关枪支条例，按照规定在园区内使用枪支，并遵守联邦、州和地方的法律。

（三）《1978 年国家公园和娱乐法》

友谊山国家历史遗址是国会通过《1978 年国家公园和娱乐法》后创建的，受此法律约束和保护。这部法律规定了友谊山国家历史遗址的捐赠机制、资源保护机制以及行政运行机制。

三、社会参与

（一）志愿服务

友谊山国家历史遗址有一个志愿者计划，由公园里的志愿者在园区内为游客提供帮助。他们为游客提供工艺演示，在游客中心迎接游客，协助维护建筑物和场地，保护博物馆藏品，或进行历史和科学研究。

志愿者以多种方式协助友谊山国家历史遗址的工作人员。公园提供的志愿者和实习生职位包括口译助理、教育援助、技术援助、图书馆援助、资源管理援助、策展援助、维护援助等。

（二）合作伙伴

友谊山协会是友谊山国家历史遗址的合作伙伴，其建立的目的是与国家公园管理局合作，支持其保护和运营友谊山国家历史遗址。该协会通过接受纪念捐款以维持运营。

四、公园利用

（一）教育项目

学生和教师可以通过公园开设的教育项目了解阿尔伯特 · 加拉廷和友谊山国家历史遗址。在春季和秋季，公园为学校团体提供有导游的实地考察。学校和其他团体可以参加远程学习。此外，也有专门针对低龄孩子们的游侠计划，发展他们的兴趣。

1. 课程材料

课程材料中包括一份教材《阿尔伯特 · 加拉廷：一个最令人惊讶的人》。这本教材适用于不同年龄段的青少年，有助于学生们更全面了解阿尔伯特 · 加拉廷和友谊山的过往历史。

2. 实地考察

在春季和秋季，友谊山提供有导游的实地考察，共包含五个实地考察项目，面向不同年龄段的学生开放。

3. 远程学习

友谊山国家历史遗址公园护林员可以与教师或学生团体进行视频会议。通过护林员的讲解，学生们可以提升对友谊山曾经发生过的历史事件的认识，也有助于拓展学生的知识面并提升他们的学习兴趣。

4. 游侠计划

该计划为孩子们提供了三种选择，包括成为友谊山初级游骑兵、高级游侠以及虚拟少年游侠。6~12 岁的孩子可以参与初级游骑兵计划，参观友谊山，并在完成活动后获得初级游侠补丁或徽章。有兴趣挑战难度的儿童和成人可以完成高级游侠。任何对虚拟少年游侠感兴趣的人都可以在宾夕法尼亚州西部国家公园遗址虚拟少年游侠项目处进行体验。

（二）旅游利用

1. 相关景点

除了友谊山国家历史遗址可参观之外，公园周边还有堡垒国家战场遗址、93 号航班国家纪念地、约翰斯敦洪水国家纪念地和阿勒格尼伯蒂奇铁路国家历史遗址供游客游览。

从公园出发，不到三小时就能到达新河峡谷国家公园保护区、雪松溪、贝尔格罗夫国家历史公园和第一夫人国家历史遗址。

2. 公园商店

友谊山国家历史遗址的书店由东部国家运营（Eastern National）。这是一个美国认可的非营利性免税组织。国会将协助国家公园管理局履行其教育和服务使命，所有销售项目均由国家公园管理局批准。游客的购买有助于支持口译、教育和游客服务计划。

第十节　国际历史遗址——圣克罗伊岛国家纪念碑

一、基本情况

圣克罗伊岛国际历史遗址位于瓦巴纳基人（Wabanaki）的祖籍地，它是北美最早的欧洲人定居点之一，标志着法国人开始在北美生存并繁衍后代。这是阿卡迪亚人（Acadian）历史的开端，且具有国际意义，是加拿大、法国和美国三国历史的组成部分。

圣克罗伊岛国际历史遗址有一段漫长的历史。1604—1605年冬，皮埃尔·杜瓜（Pierre Dugua）的法国探险队意图入侵北美，但在圣克罗伊岛（Saint Croix Island）的严寒之下断水断猎，79人中有35人死于维生素C缺乏病。直至春季，剩下的人用猎物换面包才勉强维生。探险队于夏季继续远征，法国人自此在北美留下痕迹。

1820年，缅因州罗宾顿的约翰·布鲁尔获得了圣克罗伊岛。他的继承人在1856年将岛的北部卖给了美国政府，并保留了南部的房屋和其他建筑。1858年，美国海岸警卫队在圣克罗伊岛建立了一个灯站，当地人利用大陆的“红海滩”地区进行工业制造，包括造船（现已不作此用）。1949年，国会授权建立圣克罗伊岛国家纪念碑（Saint Croix Island International Historic Sites）。1950-1970年，灯站被烧毁。1984年9月25日，圣克罗伊岛被重新指定为国际历史遗址，以表彰其对美国和加拿大两国的历史意义。

二、资金来源

该公园的资金除了国会拨款外，还有两个来源：一是游客消费。国家公园管理局一份新报告显示，2021年，缅因州国家公园的游客花费4.9亿美元，旅客到访410万人次，提供了7070个就业机会，累计经济产出7.7亿元。二是公园内部的非营利性机构返还的资金。东部国家书店是一家非营利性机构，为美国国家公园和其他公共信托机构提供优质教育产品和服务，它通过支持研究、教育和解说项目，使公园和游客受益，其部分收益将返还给公园。

三、公园利用

（一）旅游利用

园内自然条件优渥，游客可以观察到各种鸟类和野生动物，鸟类有秃鹰、鱼鹰、潜鸟、海鸥、鸭子、蓝鹭、翠鸟、啄木鸟、山雀、莺、画眉等，野生动物有海豹等。园内可以欣赏潮汐，探寻蜗牛、沙钱、海藻、海胆、海星等生物，还能看见粉色的花岗岩。

圣克罗伊岛国际历史遗址计划增加娱乐通道和游客服务，开放解说步道、海滩区、野餐区等。

（二）研学项目

公园内研学项目形式众多，有教师旅行箱项目、免费网络教学资源、历史遗迹教学项目等。

教师旅行箱项目中的教师指南和历史背景资料都有英语和法语两个版本，使用者可以线上查看文档。指南提供许多相关资源以供学习，并为扩展学习提出建议。资料将圣克罗伊定居点与其他早期北美探险放在了一起，描述了定居点的人民和其生活。除此以外还有 28 样物件，例如，个人日记摘录、圣克罗伊定居点地图、历史照片、物质文化图像、录音带等，以进一步辅助师生了解岛上生活；还有英国法国西班牙三国旗帜、香料矿产毛皮、十字架、服饰、容器等，进一步阐释有关小岛政治、经济、贸易、信仰、文化等方面的知识。教师可以自取，也可以支付邮费和运输保险之后免费租借教师旅行箱用以教学。

教师可以在网页上选择艺术、数学、科学、社会科学等主题，选择从小学低年级至成人教育其中的任一阶段，以此为关键词查找信息，帮助教师制定课程计划。

历史遗迹教学项目为教师提供教学工具和教学计划，帮助教育者用代表美国多样化历史的故事吸引年轻人。

（三）考古研究

考古遗址能够展示当地原住民存在的连续性，考古材料展示了原住民家庭过去的生活方式，对今天的当地原住民社区具有重要意义。在阿卡迪亚国家公园的范围内，至少有24个当地原住民考古遗址被记录在案，只有少数被研究过。

1978年，由缅因大学的大卫·桑格博士带领的四名学生考古学家团队发掘了学校遗址。他们的目的是“确定这些遗址的性质，包括它们的年龄和文化归属，发生的活动范围，并评估在这些遗址进行进一步研究活动的可取性，以获得更多有用的数据”。

2017年，东北地区考古计划（Northeast Region Archaeology Program，NRAP）与圣克罗伊岛国际历史遗址和阿卡迪亚国家公园（Acadia National Park，ACAD）的工作人员和志愿者一起，在圣克罗伊岛的南半部进行了高分辨率的地球物理调查，该项目的结果将有助于圣克罗伊岛考古资源的处理、保护和管理的决策制定。

考古遗址和历史图纸、地图和文本等的使用，使学者和科学家能够探索一系列早期殖民边界以及欧洲人与土著人的最初互动，为比较研究提供了广泛数据。

第十一节　国家纪念地——查米扎尔国家纪念地

一、基本情况

查米扎尔国家纪念地（Chamizal National Memorial）见证了美国和墨西哥之间长达100年的边界争端的解决。该纪念地展示了边境地区通过相互尊重、借助外交手段解决国际分歧的历史故事。国家公园管理局和其他组织也在此举办活动和展览以庆祝两国共享边境和平。

1864年，洪水改变了格兰德河的河道，由美国还是墨西哥来管理河流沿岸领土，即查米扎尔地区，引发了长达百年之久的争议。1884年，两国边界被确定位于格兰德河最深水道的中心，但河道随着时间推移移动，边界也会随之移动。此后，关于河流形成的查米扎尔土地管辖权问题，两国一直存在争议和冲突。直到 1963 年，美国和墨西哥经过多年的细节谈判，签署了《查米扎尔公约》，格兰德河被限制于混凝土通道内，形成了两国之间的永久边界。美国将通过查米扎尔公约（Chamizal Convention）获得的前墨西哥土地的一部分拨出来，用于娱乐和文化用途。1974 年，查米扎尔国家纪念地建立。

二、资金来源

除了国会拨款外，该公园的资金还来源于三个部分。一是该公园收取特别用途许可证的申请费。例如，计划在公园内进行拍摄或摄影业务，或有 50 人及以上人数的团体使用公园，须提前至少两周获得特殊使用许可证。使用场地进行体育活动或其他特殊团体活动也需要许可证。特别用途许可证的申请费为 50 美元。二是收取的商业使用授权的申请费。在查米扎尔国家纪念地提供食品和饮料服务需要商业使用授权。在大型户外活动期间出售食品和饮料的许可证是在开放申请期后每年颁发的。每位申请人必须支付 50 美元的申请费，费用不可退还，被选中获得许可证的申请人必须额外支付 250 美元的许可证监督费。三是该公园收取的使用剧院的表演团队的入场费，并将所有收到的钱直接捐给这些团体，以支持他们的节目。

三、公园利用

（一）旅游活动

查米扎尔国家纪念地有博物馆、咨询台、500 个座位的剧院、画廊，以及带花园和喷泉的庭院，以及露天舞台。护林员主持的所有节目和活动都是免费的，游客可以与护林员一起计划团队旅游或活动。

博物馆的展览在查米扎尔国家纪念地的正常营业时间开放，其主要展览也在网上以虚拟展览形式存在。查米扎尔国家纪念地每年有多个文化节庆活动，游客可以参与其中。查米扎尔国家纪念地的标志性文化活动是边境遗产节（Borderland Heritage Festival），通常在 10 月下旬举行。边境遗产节时，游客可以听当地人讲故事、向当地牧民了解牧场生活、观赏墨西哥流浪乐队的表演、欣赏美丽的陶器，体验传统文化。其次是边境文化戏剧节（Border Culture Theater Festival），内容囊括了经典的奇卡诺戏剧（Chicano plays）和当代戏剧，主要展现与边境文化和墨西哥裔美国人经历密切相关的内容。此外，西格洛·德·奥罗戏剧节（Siglo de Oro Drama Festival）自 1976 年春天开始举办，是庆祝美国 200 周年纪念的一项独特活动，在当地大受欢迎，也因表演质量高而享有国际盛誉。

（二）商店

公园商店由西部国家公园协会运营，该协会是国家公园管理局的官方非营利合作伙伴，致力于支持查米扎尔国家纪念地的教育使命。公园商店有各种各样的书籍、收藏品、墨西哥工艺品和其他物品。

第十二节　国家纪念地——拉什莫尔山国家纪念地

一、基本情况

拉什莫尔山国家纪念地（Mount Rushmore National Memorial），俗称美国总统山，是一座坐落于美国南达科他州的美利坚合众国总统纪念公园（United States Presidential Memorial）。公园内有四座高达 18 米的美国历史上著名的前总统头像，他们分别是华盛顿、杰斐逊、老罗斯福和林肯，这四位总统被认为代表了美国建国 150 年来的历史。

1885 年，美国纽约的著名律师查尔斯·E. 拉什莫尔将其在南达科他州布拉克山（Black Hills）所拥有的矿山附近的一座花岗岩山以其姓氏命名为“拉什莫尔山”。1927 年 8 月 10 日，美国卡尔文·柯立芝总统在拉什莫尔山落成典礼上发表演讲。拉什莫尔山是一个具有巨大成就的项目，有 400 名工人参与其中。该公园的建设由雕塑家古松·博格勒姆（Gutzon Borglum）负责。1933 年，拉什莫尔山归入国家公园管理局的管辖范围，1941 年建造完成。

1966 年 10 月 15 日，拉什莫尔山被正式列入国家史迹名录（National Register of Historic Places）。

二、资金来源

拉什莫尔山国家纪念地的资金除了国会拨款外，还包括特许经营收入，租赁收入以及社会捐赠等。游客在特许经营的停车场停车需要付费：汽车、摩托车、房车的停车费为 10 美元；商业旅游巴士的停车费为 50 美元；非营利性教育巴士的停车费为 25 美元。各种停车收费都将成为拉什莫尔山国家纪念地的资金。

另一部分资金来源于公园内设施的租赁费用，如音频导览或多媒体设备的租金。

合作协会捐赠也是资金来源的组成。拉什莫尔山书店是一个合作协会，被授权在拉什莫尔山销售出版物、解释性学习工具和主题相关物品。拉什莫尔山书店出版了教育书籍、小册子和国家公园管理局提供的产品，以提高游客对纪念地重要性的认识。1993 年以来，拉什莫尔山书店已经为纪念地提供了超过 200 万美元的捐赠。

三、保护制度

拉什莫尔山国家纪念地采取了多种措施对雕像与公园的其他遗产进行保护。

首先，监测岩石变化的专业设备每年会重新校准，以预测由于环境温度变化和侵蚀造成的损害。有了三维地图和持续的监控，公园工作人员可以快速识别雕塑的任何变化，并实施任何必要的补救措施。

其次，在 2010 年，拉什莫尔山国家纪念地启动了一项突破性的三维激光扫描项目。纪念工作人员使用最新的激光扫描技术，对这座雕塑和公园里的其他历史资源进行了非常详细的记录，提供了真实的现场数字信息，并为创新和互动的公共解说、教育、研究和安全项目提供了机会。在发生导致雕塑损坏的事故时，这些数据将提供准确复制雕刻表面所需的信息。

再次，管理人员致力于保持与所保护的资源和价值相一致的声学环境。游客在游览现场应小声说话，尽可能关掉汽车引擎，并在手机、手表或相机等电子设备上设置静音功能。

最后，为了维护雕塑，工作人员将雕像的面部遮盖起来，检查并填塞他们发现的任何裂缝，防止冰雪渗入裂缝，分裂或损坏雕塑。

四、公园利用

（一）旅游活动

拉什莫尔山国家纪念地的林肯·博格勒姆博物馆（Lincoln Borglum Museum）拥有两个电影院，这两个电影院不停地播放着一部长度为 13 分钟的关于拉什莫尔山的短片。临近黄昏时，电影院还将播放一部长度为 30 分钟的介绍纪念公园的节目。博格勒姆博物馆的上方，是观赏雕塑的最佳地点——大观景台（Grandview Terrace）。总统之路（The Presidential Trail）是一条从大观景台开始并穿过黄松林最终到达雕刻家工作室（Sculptor's Studio）的小径，它为人们更近距离地接触纪念馆提供了很好的机会。

游客可以在公园的露天剧场，参加一个关于总统、爱国主义和国家历史的鼓舞人心的节目。这个节目以护林员谈话开始，接着是播放电影《自由：美国的永恒遗产》，最后以点亮纪念馆的灯光以达到高潮。

游客可以探索拉科塔、纳科塔和达科他遗产村（Lakota，Nakota and Dakota Heritage Village），即这片土地上数千年的美洲原住民的历史。该区域位于总统之路的第一段，体现了当地美国原住民社区的习俗和传统。

除此之外，游客还可以自助游览该国家公园单位。游客可以在音频导览大楼或信息中心租一个音频导览器或多媒体设备，在公园风景优美的小路上漫步时，通过音乐、旁白、采访、历史录音和音响效果聆听拉什莫尔山的故事。在游览中还包括少年护林员探险这一项新的冒险活动，允许孩子们在公园周围的不同游览站参与多达 16 项挑战。一旦他们完成挑战，他们就会从游骑兵办公桌上获得一个初级游骑兵徽章。

（二）教育项目

教师与学生在网上可以获取拉什莫尔山国家纪念地的课程计划。该计划针对不同教育主题、教育对象设计了不同教辅资料，如针对小学高年级的黑山火灾生态学教学、针对学前班到二年级学生的国家公园象征主义教育，针对高中生的艺术评论教育等。

拉什莫尔山国家纪念地全年欢迎学校团体自助参观。在实地考察季（4月中旬到5月初），学校团体提前至少两周的预约申请，可以参加15分钟的护林员领导的活动。拉什莫尔山历史协会全年提供校车停车奖学金，帮助支付校车在停车场停车的费用。

公园管理人员会参与教育服务，每年的2月到4月，公园管理人员会选择拉什莫尔山国家纪念地周围64公里范围内的学校，为他们提供基于南达科他州和国家课程标准的免费课程。

拉什莫尔山国家纪念地还提供历史遗迹教学计划，利用国家公园管理局国家历史遗迹名录上的遗迹来活跃历史、社会研究、地理、公民学和其他学科。该计划创造了各种产品和活动，帮助教师将历史遗迹带入课堂。从基于国家课程标准的课程计划，到专业发展机会，再到大学水平的历史保护课程大纲，国家公园管理局可以帮助课堂演示变得生动起来，让学生参与到历史学习中。

第十三节　国家纪念碑——阿兹特克遗址国家纪念碑

一、基本情况

1923年1月24日，沃伦·G.哈丁（Warren G. Harding）总统通过1650号总统令批准建立了阿兹特克遗址国家纪念碑（Aztec Ruins National Monument），该纪念碑用来纪念阿尼马斯河沿岸保存完好的大型住宅社区，也为公众了解查科文化的演变提供机会。1987年，阿兹特克遗址被联合国教科文组织指定为世界遗产。

二、合作伙伴

阿兹特克遗址国家纪念碑与两个协会维持着合作伙伴关系，分别是查科文化保护协会和西部国家公园协会。查科文化保护协会（Chaco Culture Conservancy）是一个非营利组织，与阿兹特克遗址国家纪念地合作，为特殊项目和教育项目筹集资金。西部国家公园协会（Western National Parks Association）是阿兹特克遗址国家纪念碑的非营利性合作伙伴，经营着公园商店，支持公园的教育使命。

三、公园利用

（一）旅游利用

1. 旅游设施与服务

阿兹特克国家纪念碑公园设有游客中心。游客中心原为先驱考古学家厄尔·莫里斯（Earl Morris）的家。游客中心提供印刷指南，视频节目以开放式字幕的形式播出，服务台提供的耳机可以辅助音频。游客中心有一个西方废墟的触觉模型和文物复制品可供操作，博物馆展品和定期播放的视频节目都提供辅助描述服务，园内有大型的印刷路线指南以帮助视力有限的游客。游客可以从游客中心获得考古遗址的介绍，并在博物馆中看到拥有 900 年历史的陶器和珠宝等。游客可以观看视频《阿兹特克遗址：过去的足迹》，倾听普韦布洛人（Pueblo People）、纳瓦霍部落成员（Navajo Tribal Members）和考古学家的不同观点。游客中心为所有年龄层的孩子都提供了免费活动表，完成活动并发现更多关于祖先普韦布洛人的信息，将获得少年护林员徽章。

游客可参观普韦布洛“大房子”（Pueblo "Great House"），最初是查科的卫星城，在查科衰落后成为该地区的社会、经济和政治中心。一条一公里的自助步道蜿蜒穿过原来的房间，步道指南中将现代考古发现与传统的美洲原住民生活地点相结合，沿途可以欣赏到巧妙的石砌建筑、保存完好的木质屋顶，以及一些墙壁上的原始砂浆。游客可以进入直径超过的大基瓦，它是同类建筑中最古老、最大的重建建筑。

阿尼马斯河（Animas River）上的一座人行桥是西班牙国家历史古道的一部分，这条古道位于阿兹特克遗址国家纪念碑和阿兹特克城的历史市中心之间，游客可以沿着小径从野餐区出发，穿过横跨阿尼马斯河的桥。

阿兹特克遗址栖息着各种各样的哺乳动物、鸟类、两栖动物和爬行动物。河岸和松树林地，以及草地、果园和沙漠灌木丛，栖息着 28 种有记录的哺乳动物、70 多种鸟类、3 种两栖动物和 10 种爬行动物，为游客了解当地生物提供了场所。

2. 旅游活动

阿兹特克遗址纪念碑每年会举办节庆活动，游客如果在特殊节日来访，可以欣赏到现代普韦布洛人的舞蹈和用传统乐器演奏的乐曲，这些节日融合了古老的传统和现代的习俗，可以让游客聆听过去的声音。阿兹特克人的仪式舞蹈中使用到了许多乐器，如钟、贝壳、小号、锉刀、拨浪鼓、口哨、笛子、鼓等。

除此之外，公园护林员会在 5 月至 9 月提供讲座和旅游导览，举办晚间系列讲座、传统美国印第安人艺术展示、天文节目等年度特别活动，这些活动的时间和地点会提前一个月在公园日历上公布。

3. 购物商店

公园商店由西部国家公园协会运营，该协会是国家公园管理局的官方非营利性合作伙伴，致力于支持阿兹特克遗址国家纪念地的教育使命。公园商店有各种各样的书籍、媒体、教育游戏和其他可供零售的物品。公园商店位于游客中心，游客也可以访问公园网上商店。

（二）科学研究

在 2001 年和 2002 年，南科罗拉多高原的几个公园开展了爬行动物和两栖动物的研究，其中包括阿兹特克遗址国家纪念碑公园。这项研究由美国国家公园管理局拨款资助，并由北亚利桑那大学（Northern Arizona University）的研究单位组织推动。该项目的目标包括提供一个基准清单，以确定公园特定的关注物种，并提供有效的监测计划，使公园的工作人员能够评估物种的状况、注意到种群的重大变化。

鸟类学家于 2001 年和 2002 年在该公园进行了鸟类调查。此外，2002 年，国家公园基金会（National Park Foundation）和老鹰雅乐轩（Hawks Aloft）提供了公园赠款，用于对新热带候鸟的繁殖进行调查。野生动物学家对园内的哺乳动物也进行了调查。

为了研究树木的年轮模式，树木年代学家从横梁、原木或树干上钻孔并提取“树核”。游客可以在考古小径的横梁上，以及游客中心，观察到取“树核”的痕迹。

（三）教育项目

公园为教师和学生提供了教育参观和培训服务。参观时间通常为两小时，不同年龄段的游客可以选择不同类型的导游陪同游览遗址。园内提供的教师指南包含按级别划分的学生活动，1~9 课为初级，如利用植物满足基本需求、识别植物、观察记录并讨论有关玉米的发现、区分涂鸦岩画象形文字等；10~12 课为中级，如观察鉴别不同陶器风格、比较过去现在未来的人满足人类基本需求的不同方式等；13~15 课为高级，如应用科学方法调查大屋、调查史前屋顶建筑的起源和使用材料等，这为师生的课堂学习提供了极佳的背景资料。

与此同时，园内还提供教学用箱，里面有许多复制品和有关过去的视频影像，以及印刷版的教师指南，这个教学用箱可以外借两周。

第十四节　国家纪念碑——图勒拉克国家纪念碑

一、基本情况

图勒拉克国家纪念碑（Tule Lake National Monument）保留了隔离中心的一部分，该中心是二战期间关押 12 万名日裔美国人的 10 个集中营之一，也包括半岛和图勒拉克营地。1942 年至 1946 年，超过 2.9 万名日裔被关押在那里，其中三分之二是美国公民。图勒拉克由乔治 · W. 布什总统于 2008 年指定，其目的是保存、研究和解释关押在图莱湖的日裔美国人的历史和背景。

图勒拉克国家纪念碑使人们更加了解美国人在后方付出的高昂代价。图勒拉克种族隔离中心国家历史地标和加利福尼亚州附近的图勒拉克营地都被用来监禁从美国西海岸被强行带走的日裔美国人。园内包括原隔离中心的栅栏、战争搬迁管理局的机动池、工程师的院子和机动池、宪兵大院，以及用于监禁日裔美国人，拘留德国和意大利战俘的历史建筑。

二、保护制度

（一）遗产保护

公园内举办的大多数活动都需要特殊使用许可证。只有在国家公园管理局的工作人员确定活动不会损害公园的价值、资源和游客的体验之后，这些许可证才会签发和批准。公园签发许可证的目的是维护公众健康和安全，保护环境、风景价值，保护自然、文化资源，对公园资源、设施进行公平分配，避免游客与使用活动之间的冲突。

（二）资料保护

加州州立图书馆（California State Library）通过加州公民自由公共教育计划（California Civil Liberties Public Education Program，CCLPEP）为公园提供教育素材。该计划于 1998 年由当时的圣何塞州议员迈克·本田（Mike Honda）立法成立，由加州州立图书馆管理。该项目的目标是帮助开发教育材料，以确保日本血统的人被大规模强制监禁的历史不会被遗忘。托伦斯州议员乔治·中野（George Nakano）提出立法，延长了该项目的资金使用周期，并将其确立为国家图书馆项目。

三、管理和利用

（一）旅游利用

公园内有许多历史古迹、自然美景、步道和公共项目，包括博物馆、隔离中心、集中营等。图勒拉克有许多景点和开放空间供游客携宠物漫步，但宠物不能进入建筑或墓地的围栏区域。在游览中，游客将探索各种重要的领域，以了解纪念碑的历史和日裔美国人的监禁。同时，游客也可以使用公园提供的程序进行自助语音导览，或在网上通过数字媒体进行虚拟旅游。

图勒拉克－巴特山谷集市博物馆（Tulelake-Butte Valley Fairgrounds Museum）展示了各种各样的展品，包括莫多克（Modoc）历史、农业历史、图勒拉克盆地地区的家园和定居点、日裔美国人在附近隔离中心监禁的历史以及各种其他主题。

图勒拉克隔离中心是10个战争搬迁中心中唯一的被改造成安全隔离中心的建筑，地面上增加了栅栏和监狱。游客只能在护林员的带领下进入监狱和栅栏区。

图勒拉克集中营是二战期间美国建立的10个集中营之一，关押了11万名日本血统的人，其中大多数是美国公民。该集中营最初由平民保护团（Civilian Conservation Corps）在1935年建造而成，1943年该集中营安置了日裔美国人，1944年至1946年安置了德国战俘。

（二）特殊活动许可

游客在公园内的摄影通常不需要许可，但如果使用大量的模型、布景、道具等不属于公园的自然或文化资源或行政设施时，国家公园管理局将对这种摄影进行监控，使用者需要获得许可证进行静态摄影。

对于为个人、团体或组织而非公众提供利益的活动，以及需要国家公园管理局进行管理的活动，都需要获得特殊使用许可证，包括但不限于：拍摄、文化节目、研讨会、活动、跑步和自行车比赛等。

在园区内进行任何研究之前都需要获得科学或研究许可证。在国家公园系统范围内，涉及野外考察、标本采集或可能干扰资源或大多数游客的、与自然资源或社会科学研究有关的科学活动都需要获得科学许可证。仅涉及文化资源的科学活动，包括考古学、人种学、历史、文化博物馆、文化景观以及历史和史前结构，则适用其他许可证程序。

（三）科学研究

国家公园管理局和相关组织正在为该公园收集口述访谈历史，如从被监禁的人，在隔离中心或周围工作的人，以及在图勒湖营地工作的人那里获取信息。园内正在增加策展物品的归档存储容量，以便接收与图勒湖隔离中心和图勒莱克营地有关的历史论文、照片和物品。

（四）教育项目

公园内提供多形式的教育项目，主题以二战期间日裔美国人的被关押史为主，包括护林员之旅、护林员教育项目、邀请护林员参与课堂演讲、教师研讨会、教师—护林员—教师计划等。

护林员之旅在阵亡将士纪念日和劳动节之间的周四到周日开展，大型团体和想要在正常时间以外游览的团体须提前两周提交申请。该旅行活动围绕课程需求和团体兴趣设计，学校团体和类似的组织可以预约参观。

护林员教育项目包括参观图勒拉克营地，教师还可以要求参观图勒拉克隔离中心的监狱，包括引导学生完成搬迁和隔离过程。师生在现场参观或实地考察之前，可以要求制作一份关于 19 世纪至今日裔美国人历史的幻灯片。

教师如需更多关于图勒拉克国家纪念地的历史信息，可以邀请一名护林员在课堂上演讲，其主题取决于老师的要求，内容集中在二战期间日裔美国人的监禁和平民保护队上，教师在提出要求时需告知演讲涵盖的主题，以及学生的认知水平。

图勒拉克与国家日裔美国历史学会（National Japanese American Historical Society）和金门国家娱乐区（Golden Gate National Recreation Area）合作提供了教师研讨会，他们将学习如何获取和使用资料，培养分析和推理技能，了解太平洋西部日裔美国人被监禁的情况，并消除对日裔美国人经历的单一叙述，得出更深入的结论，理解这种不公正产生的原因。参与者可以获得 100 美元的研究所津贴以及与同事共享的 50 美元。教师可以完善高中课程设计，获得试点课程机会。

该公园还开展了教师—游侠—教师计划，该计划是一个扩展的专业发展机会，让 K-12 学校的教育工作者了解国家公园管理局提供的资源和教育材料。参与该计划的教师将有机会参与关于课程计划的网络研讨会，开发至少一节课程用于课堂。他们还可协助公园的教育项目，增加他们对基于地点的学习的理解，教师还将获得新的国家公园知识和经验，他们可以把这些知识和经验带到课堂上，向学生和同事介绍该国家公园和遗产保护的重要性。同时，教师可以获得 300 美元的津贴。

第十五节　国家纪念碑——萨利纳斯·普韦布洛修道院国家纪念碑

一、基本情况

几百年来，萨利纳斯·普韦布洛修道院国家纪念碑（Salinas Pueblo Missions National Monument）一直是文化的见证。从史前祖先普韦布洛（Prehistoric Ancestral Puebloan）和朱马诺群体（Jumano Groups），到 17 世纪西班牙方济各会传教士（Spanish Franciscan Missionaries），到 19 世纪返回的定居者，以及 19 世纪和 20 世纪的考古学家和公园服务人员，这里的人、地方和故事使其成为一个特殊的地方。

公园是三个单元的集合——阿博、克拉伊和格兰·基维亚，每个单元都有不同的历史建筑和遗迹。1909 年，格兰·基维亚国家纪念地建立。1980 年，阿博和克拉伊单位加入，它们从新墨西哥州纪念馆转移到国家公园管理局。这两个新单位与格兰·基维亚合并，创建了萨利纳斯·普韦布洛修道院国家纪念碑。

二、合作伙伴

自 1938 年以来，西部国家公园协会（Western National Parks Association）与国家公园管理局合作，推进教育、解释、研究和社区参与，以确保国家公园日益受到所有人的重视，支持萨利纳斯·普韦布洛修道院国家纪念碑的教育使命。

三、公园利用

（一）旅游利用

1. 旅游资源

公园内有一条小路穿过 17 世纪的圣格雷戈里奥教堂，还有一条小路绕过西班牙移民安置建筑。阿博彩绘岩石遗址有令人难以置信的印第安人象形文字，可以追溯到 1300 年普韦布洛 4 世时期。这些象形文字很有趣，包含了普韦布洛文化和平原文化的图像，并且在设计中使用了各种各样的颜色。

2. 旅游活动

在公园组织的天文活动中，游客可以欣赏萨利纳斯·普韦布洛基地美丽的星空或是见证流星雨滑落。通过知识渊博的公园工作人员和天文学会志愿者使用的望远镜，可以观察到月球、其他行星和它们的卫星、遥远的星云和星系。自 1986 年以来，公园在莱克县天文学会（Lake County Astronomical Society）的协助下每年都举办天文活动。2016 年夏天，公园与阿尔伯克基天文学会（The Albuquerque Astronomical Society）建立了持续的合作关系。以上两个学会的天文学家在萨利纳斯黑暗天空计划（Salinas'dark Sky Program）的发展中发挥了不可估量的作用。2016 年 9 月，萨利纳斯被国际黑暗天空协会认证为国际黑暗天空公园（International Dark Sky Park）。如果游客想在天文活动日期以外的时间体验公园的夜空，需要申请一个特殊使用许可证。

游客可以在阿博、克拉伊和格兰·基维亚的环路上漫步，欣赏这条小径的自然美景，领略萨利纳斯的野性，了解更多关于先人的信息。通过阅览路边的展品和书店提供的解说路线指南，游客可以置身过去，想象普韦布洛和西班牙传教会的景象、声音和故事。

游客可以在每个景点的游客中心与护林员交谈，了解过去的故事以及过去的人在新墨西哥边境的生活方式。每个景点都提供初级护林员和高级护林员的活动手册，便于游客深入了解公园。一旦完成，可以在游客中心领取徽章和丝带。

（二）艺术家驻地项目

萨利纳斯·普韦布洛修道院国家纪念碑的艺术家驻地项目为专业作家、作曲家、视觉和表演艺术家提供了在公园中追求他们艺术学科的机会。艺术家是由来自不同艺术学科的专业人士组成的评审团选出的，每一年，园区都可以根据当前规划目标和需求的兼容性，规定（或限制）接受申请的学科。被选中的艺术家被邀请在公园里生活最多一个月，他们不需要申请费，公园也不提供津贴。

该计划为合格的艺术家申请人提供一个机会，在国家公园遵循他们自己的灵感、生活，实践他们所选择的科目。作为对这个机会的回报，艺术家们将与公众互动，分享他们与公园共同创作的一部分作品。

作家、音乐家、作曲家、雕塑家、说书人、舞蹈家和其他表演艺术家都从新一代的国宝身上汲取灵感。他们也诠释了国家公园的建造目的——成为娱乐之所。保护之所，萨利纳斯·普韦布洛修道院国家纪念碑也将延续这一传统，启发那些可能永远没有机会亲自参观国家公园的人。

第七章 国家公园文化类关联区域案例研究

第一节　附属区域——塞班岛美国纪念公园

一、历史演化

1815年，卡罗来纳人在现在的美国纪念公园（American Memorial Park）建立了一个叫作阿拉瓦尔（Arabwal）的村庄。1899年，西班牙在美西战争中失利后将马里亚纳群岛卖给了德国，德国一直统治着这些岛屿，直到在第一次世界大战中失去它们。1914年，日本获得了控制权，通过进出口各种食品改善了卫生条件，促进了经济发展。1944年，成千上万的日本人、韩国人居住在岛上。

1944年6月15日，美国军队向日本人控制的塞班岛发起猛攻，岛上发生了激烈战斗，美国海军在菲律宾海上提供支援，最终，美国军队于7月9日占领全岛。将近30000名日本军人和3250多位美军战士阵亡，而平民也遭受了巨大损失。美国军队迅速地在塞班岛、提尼安岛和关岛上建立机场，以便向日本本土发动袭击。轰炸机从这些机场起飞，向日本的主要城市发起攻击，最终投放两颗原子弹结束了这场旷日持久的战争。

1978 年，塞班与美国建立的联邦政治联盟形成了今天多样化、多文化的岛屿社区所享有的独特的岛屿民主。塞班岛上树木葱郁，水质清澈。占地 54 公顷的公园现在为 18 种鸟类提供栖息地，其中包括两种法律上的濒危物种，同时也保护着 12 公顷的珍稀湿地和红树林。

二、志愿服务

塞班美国纪念公园作为公园志愿者计划的一部分，为个人和团体提供各种各样的志愿者机会。从一次性的服务项目、志愿者活动到长期的职位，可以选择在幕后或前线与公园员工一起工作，志愿者可以参与海滩清理、公园美化或公共活动。园内有些职位是专业化的，需要有特殊的知识、技能和能力才能胜任，其他职位只需要有意愿就可以参与。18 岁以下的人必须得到父母或法定监护人的书面同意才能参加志愿活动。

生态帮助者（Eco Helpers）是一个通过生态项目为有兴趣成为环境管理员的社区成员提供志愿机会的项目。该项目致力于为社区创造一个安全、包容的空间，利用和增长他们的环境利益。

三、公园利用

（一）旅游利用

1. 旅游资源

塞班岛美国纪念公园内有游客中心、博物馆、纪念碑、荣誉法庭、旗帜圈等。博物馆的展品在公园游客中心向公众免费开放。这些展品以最新的技术、扣人心弦的个人故事、博物馆文物和多种语言支持为特色。除了展品之外，游客中心剧场还放映纪录片《塞班岛》。

岛上的荣誉法庭和旗帜圈可供游客参观。1994 年 6 月 15 日，为纪念美军在塞班岛登陆 50 周年，塞班岛的荣誉广场和旗帜圈落成。美国国旗在国旗圈的中央，周围是美国海军、美国海军陆战队、美国陆军和美国海岸警卫队的旗帜，这些是参加这次活动的武装部队的旗帜。为了纪念那些在战争中牺牲的人，荣誉广场上设有荣誉法庭纪念碑，该碑由 26 块花岗岩板组成，上面刻有 5204 名牺牲的军人的名字。

马里亚纳纪念碑（Marianas Memorial）于 2004 年 6 月 13 日落成，纪念从 1944 年 6 月 11 日美国对塞班岛进行空中轰炸开始到 1946 年 7 月 4 日关闭平民营地期间因战争相关原因而丧生的查莫罗人（Chamorros）和卡罗来纳人（Carolinians）。纪念碑由 10 个花岗岩板组成，上面有 929 个名字。

美国战斗纪念馆委员会（The American Battle Monuments Commission）建设了塞班美国人纪念碑（Saipan American Memorial），纪念在 1944 年 6 月 15 日至 8 月 11 日解放塞班岛、提尼安岛和关岛期间牺牲的美国人、查莫罗人和卡罗来纳人。纪念碑是一个 3.66 米长的长方形尖碑，由玫瑰花岗岩制成，上面刻有以下文字："美利坚合众国为向为解放马里亚纳群岛而牺牲的人们致敬而建立的纪念碑。"卡瑞隆（Carillon）钟楼毗邻方尖碑于 1995 年 11 月 11 日落成，是为了纪念第二次世界大战结束 50 周年而建。

2. 公园书店

该公园的非营利性合作伙伴太平洋历史公园（Pacific Historic Parks）经营着公园书店，里面收藏了令人印象深刻的关于太平洋战争、塞班岛历史以及该地区自然和文化资源的教育出版物。这里有大量的历史文化书籍、明信片、服装和其他纪念品可供购买，书店销售的利润将资助美国纪念公园开展各种各样的项目。

（二）研学项目

该公园为学生与教师提供了多种形式的研学项目。

"每个孩子都在公园"项目（Every Kid in a Park）的目标是将四、五年级的学生与户外活动联系起来，激励他们成为环境管理员，在未来保护国家公园和其他公共土地。此外，全国各地的四年级教育工作者、青年团体领导人及其学生也可以通过实地考察和其他学习体验参与该项目。塞班岛美国纪念公园为四年级学生和他们的家人提供了各种各样的活动，包括实地考察、各种初级护林员计划、远程学习教育计划和其他活动。

青少年可以加入少年护林员计划，在园区或园区网站探索，了解有关岛屿的历史、传说和生态系统的信息，最后正确完成小册子中与他们年龄组相匹配的部分即可获得徽章。

国家公园管理局和美国女童子军（United States Girl Scouts）合作创建了女童子军护林员计划（Girl Scout Ranger Program）。女童子军被邀请参加国家公园现有的各种有组织的教育或服务项目，女孩可以通过参加部队、活动、旅行或营地体验来参与女子童军护林员计划，并将获得计划证书。

国家公园管理局的“公园艺术”项目（Art in the Park Program）将艺术家和游客聚集在一起，为公园体验增添创意元素。“公园艺术”活动可以让游客发挥创造力，以新的方式去欣赏公园的美丽和奇迹，并鼓励游客停下来细细品味周围的环境。此外，还为青少年及其家庭提供各种实践艺术活动。

“阅读护林员”项目（Reading Rangers）旨在通过国家公园管理局让学生和教师拥有学习的机会。本公园和太平洋历史公园（Pacific Historic Parks）协作为各个年龄段的孩子们举办了一系列阅读护林员活动。公园的课程提供了引人入胜的教育体验，同时提高了孩子的阅读理解力。

教师护林员教师计划项目通过国家公园管理局和科罗拉多大学丹佛分校的合作，为教师提供了解国家公园管理局教育资源和主题的机会，同时获得继续教育学分。参与的教师将花 240 小时与园区工作人员一起制订教育计划，并在网上完成 3 个研究生学分的体验式学习课程。完成该项目后，教师将从学校获得 3000 美元的津贴。

青年保护团是一个勤工俭学的项目，培养参与者对国家环境和遗产的理解和欣赏。参与者将参与各种各样的保护和公园运营活动，这将使他们了解国家公园和国家公园管理局保护特殊场所的使命。公园以联邦最低工资雇用最多 4 名青年参加该项目，项目将持续 8 周，参与者自周一到周五每周工作 40 小时。

（三）其他活动

作为国家公园管理局在全国范围内实施长期气候监测工作的一部分，国家公园管理局与西部地区气候中心（Western Regional Climate Center）合作，在塞班岛美国纪念公园建立了一个气象站。该气象站在监测计划下运行，该站的数据由沙漠研究所（Desert Research Institute）下属的西部地区气候中心维护。

体育赛事、选美比赛、赛艇比赛、公众观赏性景点、娱乐活动、仪式和类似的活动是允许的，前提是公园区域和这些活动之间有一定的联系，要求纪念活动有助于游客理解公园区域的重要性，且需获得自由区域管理者颁发的许可证。特殊使用许可证的书面申请必须在活动预定日期前至少30天提交给公园的管理部门。

第二节　附属区域——俄克拉荷马城国家纪念地

一、基本情况

俄克拉荷马城国家纪念地（Oklahoma City National Memorial）和博物馆的宗旨是纪念这座城市、国家和世界上受到1995年4月19日阿尔弗雷德·穆拉联邦大楼爆炸严重影响的人民。

1995年，俄克拉荷马城市长罗恩·诺里克任命了一个350人的特别工作组，以探索纪念这一悲惨事件和纪念遇难者的方法。1999年，专责小组发表报告，特别工作组呼吁建立一个纪念地。2000年，俄克拉荷马城国家纪念地建成。

二、资金与法律法规

（一）资金来源

俄克拉荷马城国家纪念地的主要资金来源为门票和租金收入。成年人需缴纳15美元，62岁以上的老年人需缴纳12美元，小学至大学的学生或军人凭身份证缴纳12美元。若为团体入场，成年人需缴纳13美元，62岁以上的老年人需缴纳11美元，小学至大学的学生凭身份证缴纳7美元，军人凭身份证缴纳11美元。教育与外展中心的租金为50人以上2500美元，50人以下1250美元。租用时间为3小时，可以按每小时250美元的价格安排延长工作时间。

公园提供一名保安人员，若需增加额外的警卫人员需缴纳 50 美元 / 小时。

除此之外，由该纪念馆举办的俄克拉荷马城纪念马拉松活动也为其保护和运营提供了资金来源。马拉松博览会向所有人开放，有数十家供应商提供最新的跑步装备和服装，所有活动收益将用于俄克拉荷马城国家纪念地的资源保护和日常运营。

（二）法律法规

1997 年 10 月 9 日，威廉・克林顿总统签署了一项建立俄克拉荷马城国家纪念地的法案，该法案同时设立了俄克拉荷马城国家纪念信托基金，将该纪念馆作为国家公园体系的一个单元来管理。2004 年，美国乔治・W. 布什总统签署了一项授权法案修正案，将俄克拉荷马城国家纪念地从一个公园单位改为国家公园管理局的附属机构，规定该纪念馆由俄克拉荷马城国家纪念基金会管理，职责是运营纪念馆，同时解散了纪念馆信托基金。

三、合作伙伴和志愿服务

（一）合作伙伴

俄克拉荷马城国家纪念地（Oklahoma City National Memorial）和博物馆信托基金（Museum Trust）是俄克拉荷马城国家公园管理局（National Park Service in Oklahoma City）的主要合作伙伴，通过这种伙伴关系，促进相关资源的保护。

（二）志愿服务

俄克拉荷马城国家纪念地办公室（The Oklahoma City National Memorial office）管理步道和铁路志愿者项目，是一个由美国国家铁路客运公司赞助的项目。志愿者乘坐往返俄克拉荷马城和得克萨斯州沃斯堡的哈特兰飞行者列车。在列车行驶过程中向乘客介绍列车沿线地区的文化和自然遗产，讨论该地区的故事以及这一地区的铁路历史。

四、公园利用

（一）旅游利用

1. 旅游资源

俄克拉荷马城国家纪念地有多处可供游客参观的场地，包括空椅子场、幸存者墙、救援者果园等。

空椅子场（Field of Empty Chairs）有168把空椅子，代表那些被杀害的人，其中19把较短的椅子代表在爆炸当天遇难的儿童，每把椅子的玻璃底座上都刻着一个受害者的名字。

幸存者墙（The Survivor Wall）在公园大门的南面，是大楼现存最大的部分。墙上有4块从联邦大楼抢救出来的大型花岗岩板，上面刻着一份600多名幸存者的名单。

救援者果园（Rescuers' Orchard）内有3种不同类型的树，以纪念1.2万名救援人员，他们在联邦大楼里营救当时的受害者。东部紫荆（Eastern Redbud）代表了第一反应者和来自俄克拉荷马州的人们，另外两种类型的“中国开心果（Chinese Pistache）”和“阿穆尔枫（Amur Maple）”代表的是来自该州以外的人。救援者果园展示了多个机构参与了这场灾难营救工作，共同组成了一个有效的团队。

（二）研学项目

该纪念馆为学生和教师提供不同类别的研学项目。

青少年可以加入少年护林员计划，在园区或园区网站探索从而了解有关纪念馆的历史信息，正确完成小册子中与他们年龄组相匹配的部分即可获得限量版徽章。

国家公园基金会户外开放了儿童实地考察赠款项目（National Park Foundation Open Outdoors for Kids Field Trip Grants Program），目标是让学生参观国家公园和其他公共土地，让年轻人在那里从事有意义的活动。青少年可以了解自然、文化和历史遗产，参与志愿者服务和服务学习活动，享受娱乐机会，与国家公园建立终身的关系，并培养对自然的热爱。这笔赠款帮助四年级学生探索纪念馆，并了解 25 年前俄克拉荷马城爆炸事件，从而将他们在这个项目中获得的知识与他们自己的生活和环境联系起来。作为四年级课程的一部分，学生们将了解历史事件的重要性，以及为什么这些故事需要被保护和分享。在学生参观纪念馆和博物馆之前，教师将通过电子邮件向班级介绍纪念馆的创建原因及其意义。此外，学生还将学习国家公园管理局的作用、保护自然和历史遗迹的重要性。参观纪念馆和博物馆通常需要花 3 小时。在国家公园管理员介绍户外象征性纪念馆的象征主义、创作和自然特征之后，学生们将参观博物馆，探索和体验许多展品、文物、互动和视频。学生们还将进入科学、技术、工程和数学教育（STEM）实验室，使用大型触屏桌子独立学习，然后作为一个小组一起寻找解决他们面临的挑战的解决方法，探讨救援人员如何通过团队合作拯救生命。该实验室将科学、技术、工程、数学教育概念与历史相结合，创造了一个高度互动的环境，有建筑、法医与调查、环境科学 3 种课程可以选择。在回顾预展和实地考察活动后，学生将观看题为《希望扎根：幸存者树的故事》的视频。视频中，一棵美国榆树在 1995 年的爆炸中幸存下来，在最坏的情况下表现出生命力，展现了自然的力量和韧性，以及它如何激发希望和自愈。之后，课堂上将讨论纪念碑上发现的各种符号以及它们的意义。学生将创建一个自己的符号，把它合并到一个更大的符号中，代表他们的班级。

此外，该纪念馆还可以在校园里使用增强现实技术，通过平板电脑，学生可以与 3D 建筑、视频、叠加等进行互动，让他们沉浸在体验中，并将故事的真实环境带入课堂。

（三）心理疏导项目

俄克拉荷马城国家纪念地为学校、消防部门、新闻部门、商业场所和许多其他团体提供关于创伤和恢复力的免费研讨会，专家演讲者会讲述他们在俄克拉荷马城爆炸和 9・11 事件中的个人故事，分享他们在心理健康方面的毕生工作与实践。

（四）纪念活动

俄克拉荷马城国家纪念地还开展了各种纪念活动来纪念事故当天逝去的人们，以实现其建立的目标。

俄克拉荷马城纪念马拉松是一项由社区推动的活动，始于2001年，是博物馆筹款活动。整个比赛周末将举行5项赛事，包括马拉松、半程马拉松、5公里、5人接力儿童马拉松和老年马拉松。公园鼓励所有参与比赛的人了解更多关于纪念地的故事，每位参赛者都将获得免费参观博物馆的机会。马拉松活动将来自世界各地的马拉松爱好者和观众聚集在一起，纪念那些在爆炸案中遇难、幸存和永远改变的人。每场比赛开始前先进行168秒的默哀，以悼念遇难者。在比赛过程中，选手们会经过168个横幅，每一个都代表着一名爆炸受害者的名字。仪式结束后，风笛手将带领遇难者家属、幸存者和急救人员穿过街道来到“空椅子场”。

公园还举办学生征文比赛，以鼓励学生反思如何展示力量和韧性来克服挑战或面对悲剧。

除此之外，公园网站提供在线资源服务，虚拟档案可以帮助人们研究各种各样的物体、文物和视频。游客可以把在纪念地找到的物品创建到自己的虚拟希望箱，并与他人分享，并由工作人员继续向虚拟档案馆添加新的内容。在爆炸案后的大规模调查中，许多政府机构的执法人员收集并评估了证据。这个新的虚拟希望箱收集了超过23000份帮助成功起诉肇事者的证据。

第三节　授权区域——阿玛奇国家历史遗址

一、基本情况

阿玛奇位于美国科罗拉多州东南部的一个偏远角落，也被称为格拉纳达安置中心，是第二次世界大战期间战争安置管理局建立的十个监禁地点之一，目的是监禁被强行从西海岸社区驱逐的日裔美国人。1942—1945年间，超过1

万名日裔美国人被监禁在阿玛奇。由于其监禁了大量囚犯，使阿玛奇成为当时科罗拉多州的第十大城市。

虽然与监禁相关的原始建筑物在 1945 年阿玛奇关闭后被拆除，但它仍然是第二次世界大战中监禁地点的代表之一。原始的建筑地基和历史悠久的道路网络在今天仍可看见。

2022 年 3 月 18 日，《阿玛奇国家历史遗址法》（Amache National Historic Site Act）被签署后，该遗址作为国家公园体系内的授权区域。

二、管理制度

（一）管理机构

由于阿玛奇国家历史遗址作为授权区域的特殊性，在国家公园管理局完成必要的土地收购前，该遗址由阿玛奇保护协会（Amache Preservation Society）与格拉纳达镇合作管理。在完成土地收购后，国家公园管理局将与以上组织建立合作伙伴关系，制订该公园全面的运营计划。

（二）法律法规

2019 年，国会通过了《小约翰·丁格尔保护、管理和娱乐法》，授权内政部长对阿玛奇进行特殊资源研究，以评估阿玛奇遗址被纳入国家公园体系的潜力。

2022 年 3 月 18 日，《阿玛奇国家历史遗址法》被签署后，国会正式授权阿玛奇国家历史遗址在达到一定条件后成立为国家公园单位，由国家公园管理局管理。在该法中强调了建立该国家历史遗址的目的是保护、保存和解释以下资源：二战期间，阿玛奇对日裔美国人的监禁以及被监禁者的服役情况；科罗拉多州公众对日裔美国人被监禁的反应，包括州长和当地社区的立场；在该监禁中心关闭后，被监禁者及其后代的生活过渡情况。除此之外，还授权国家公园管理局可以在遗址内建造管理设施，并可以与其他组织与机构建立合作伙伴关系。

三、公众参与和规划

（一）公众参与

阿玛奇国家历史遗址的网站上提供了公开供公众审核的文件——《阿玛奇国家历史遗址基础文件草案》，该文件的公众评议期从 2023 年 3 月 28 日持续到 2023 年 6 月 23 日，用于收集公众在新公园单位创建时的意见。公众参与的形式分为很多种，在公众评议期，公众可以通过线上网站评论或发送邮件的形式对阿玛奇国家历史遗址的基础文件给出意见。同时，公众也可以参与由国家公园管理局安排的线下公众会议或虚拟信息会议，在会议上的问答环节提出问题，并提交书面意见。

在公众评议期，国家公园管理局从几个方面收集公众对阿玛奇国家历史遗址基础文件的意见：一是阿玛奇国家历史遗址有哪些核心资源应该得到保护并向游客开放；二是人们对阿玛奇遗址的故事应该了解多少，该遗址有哪些重要的故事；三是阿玛奇国家历史遗址在保护与管理期间遇到的最大挑战会是什么；四是考虑到阿玛奇国家历史遗址作为国家公园体系一个单位的新地位，它的最大机遇是什么。

（二）规划

国家公园管理局为了确保其做出的决定尽可能有效和高效地执行，准备了各种规划和文件，以帮助指导公园资源的管理工作。这些规划提供了解决问题的方法和工具，以尽量减少冲突和促进互利的方式，阐明公众如何在确保子孙后代的资源不受损害的情况下享受公园的战略。基础文件是任何新公园单位创建时的第一个战略文件，这个文件是对国家公园单位的目的、意义、重要资源和价值以及解释主题的声明。

《阿玛奇国家历史遗址基础文件草案》，给出了公园的意义、重要性，并从公园的基础资源及其价值、相关资源、解说主题等方面给出了详细规划，这些规划通过收集阿玛奇主题专家意见以及公众意见形成。基础资源及其价值是指那些在规划和管理过程中被确定为值得首要考虑的特征、故事、场景、声音、气味或其他属性，它们对实现公园目的和保持其重要性至关重要。对基础资源及其价值的考虑有助于国家公园管理局将工作的重点放在公园真正重要的地方。在草案中，阿玛奇国家历史遗址的基础资源及其价值被认定为是考古与文化景观、修复或重建的建筑、阿玛奇公墓、藏品与文献、社区与文化的联结。相关资源通常不属于国家公园管理局，它们可能是公园存在的更广泛的背景或环境的一部分，通过主题联系增强游客体验，或者与公园的基础资源和公园目的有着密切相关的联系。解说主题通常被描述为游客在参观公园后应该了解的重要故事或概念，它们定义了公园单位向游客传达的最重要的想法与概念，其来源反映公园单位的目的、意义、资源和价值，它们鼓励人们探索事件发生的背景以及这些事件的影响。

四、公园利用

阿玛奇国家历史遗址目前仍处在规划与开发阶段，现场所提供的旅游项目与设施有限。目前，阿玛奇国家历史遗址包括一个墓地、一座纪念碑、部分历史建筑以及修复、重建后的第二次世界大战时期的营房、娱乐厅、警卫塔和水箱。现场有解说板和方向标志来协助游客进行游览。

在游客进行旅游参观时，阿玛奇保护协会的学生志愿者将为游客提供该遗址的解说之旅。除此之外，阿玛奇保护协会还在格拉纳达镇经营着一个博物馆，在该馆中藏有对阿玛奇具有文化意义的物品。

第四节　联合管理区域——帕纳尚特大峡谷国家纪念碑

一、基本情况

2000 年 1 月 11 日，美国克林顿总统签署了第 7265 号总统公告，创建了帕拉尚特大峡谷国家纪念碑（Grand Canyon-Parashant National Monument），以保护一系列科学和历史景观。该公园位于大峡谷的边缘，曾经猛烈喷发和流动的玄武岩以及地震的破坏力在公园的地质层中随处可见。

二、管理体制

（一）管理机构

美国克林顿总统在2000年签署了总统公告，创建了该公园单位。与国家公园体系中的其他所有单位都不同，该公园是唯一的由两个联邦机构——国家公园管理局与土地管理局，同时进行管理的单位。两者在管理该公园单位时需要遵循美国法典的规定，但是两个局都需要遵循一些特定的规定，例如，在公园内，由土地管理局管理的土地上被允许进行一些活动，但是这些活动在国家公园管理局管理的土地上是不被允许的。

（二）法律法规

由于该公园单位由国家公园管理局与土地管理局共同管理，在法规上，土地管理局管辖的土地受《联邦法规》第43编约束，国家公园管理局管辖的土地受《联邦法规》第36编约束。除此之外，与其他公园单位相同，由国家公园管理局所指定的公园园长会制定《园长简编》，专门用于管理该公园并约束公园内的具体行为。

（三）资金来源

除了国会每年向帕拉尚特大峡谷国家纪念碑的拨款，该公园还通过获取经营收入与社会捐赠来维持公园单位的运营。

经营收入方面，土地管理局会向在其管辖土地上开展商业活动的群体或个人收取特别娱乐许可证（Special Recreation Permit）的费用，而国家公园管理局会收取商业使用授权（Commercial Use Authorization）的费用。除此之外，在群体或个人进行涉及实地考察、标本采集等有可能干扰资源的自然资源或社会科学研究活动时，均需要获得科学研究许可证。

社会捐赠方面，帕拉尚特大峡谷国家纪念碑的官网上开放了社会捐赠的渠道，社会群体与个人可以通过邮寄支票的形式向该公园单位捐款，这部分捐款将被用于维护公园内的步道，恢复脆弱的栖息地，保护稀有和濒危物种，并保护文化遗址。

三、志愿服务和合作伙伴

（一）志愿服务

帕拉尚特大峡谷国家纪念碑设有少年护林员计划，招募青少年帮助公园管理者保护该公园，在进行志愿活动的同时学习自然和历史知识，享受探索公园的乐趣，并向他们的家人朋友讲述他们的冒险经历。在帕拉尚特，少年护林员可以在工作时间内获取护林员手册和徽章；此外，学生也可以通过邮件的方式在线上获取护林员手册。

除了少年护林员计划外，帕拉尚特还提供其他的志愿者服务项目，退休工人、学校团体、俱乐部与其他组织都可以在帕拉尚特的机构信息中心和办公室提供志愿服务，帮助公园管理者铲除入侵植物，并协助公园研究人员开展各种研究项目。

志愿者在志愿时间累计超过 250 小时后，国家公园管理局将会为其颁发国家公园和联邦休闲地志愿者通行证，志愿者可以免费进入和使用收取门票或设施使用费的联邦娱乐场所。

（二）合作伙伴

帕拉尚特大峡谷国家纪念碑分别与政府间实习合作组织（Intergovernmental Internship Cooperative）、户外领导力学院（Outdoor Leadership Academy）建立了合作伙伴关系。

政府间实习合作组织是南犹他大学、各土地管理机构和犹他州南部、亚利桑那州北部和内华达州东部的美国原住民部落之间的合作关系组织。这种合作关系为南犹他大学的学生提供了实习机会，帕拉尚特大峡谷国家纪念碑作为合作伙伴为实习生提供指导，提供实习经验，补充其学术知识，帮助学生为职业生涯做好准备。

户外领导力学院由国家公园管理局资助，为青少年提供户外体验和领导力发展。该学院为各地区高中和大学学生提供了一系列多样化的活动，旨在激发他们对国家公园土地的欣赏兴趣。

四、公园利用

（一）旅游利用

帕拉尚特大峡谷国家纪念碑是一块荒野地，其中有沙漠仙人掌、峡谷悬崖、猛禽和岩层。公园向游客提供了自驾的线路与观景点，并且对每条线路的难度进行了评估，以最大程度避免游客在公园内无信号的区域迷失。自驾越野线路包括特伦布尔山风景环形公路、双子点风景区大峡谷俯瞰公路、帕库恩温泉与塔西牧场线、大峡谷矿区等，游客可以通过预览这些线路的沿线景点选择线路。

（二）艺术家驻场计划

帕拉尚特大峡谷国家纪念碑内开展了艺术家驻场计划，允许专业人士有机会表达他们的艺术，同时加强外界对帕拉尚特的理解与欣赏。长期以来，帕拉尚特的动态景观一直被艺术家所捕捉，并被带到公众的视野中，这些迷人的作品促进游客对帕拉尚特的自然、文化和历史资源的深入了解，为游客提供艺术和教育机会。

第五节　国家遗产区域——亚伯拉罕·林肯国家遗产区

一、基本情况

亚伯拉罕·林肯国家遗产区（Abraham Lincoln National Heritage Area）

于 2008 年由国会指定建立。作为唯一的以美国总统命名的遗产区，亚伯拉罕・林肯国家遗产区是对林肯总统在伊利诺伊州中部生活、工作和旅行 30 年的呈现。遗产区还突出塑造了林肯通过团结、平等、种族关系以及民主理想的问题领导美国人民的故事。遗产区内的每个社区都有自己的“林肯故事”，通常以文物、民俗、建筑和生活景观的形式进行讲述。

二、管理体制

（一）管理机构

与其他类型的国家公园单位不同，国家遗产区不由国家公园管理局直接管理，而是由当地的管理实体进行管理，并与国家公园管理局合作。寻找林肯遗产联盟（Looking For Lincoln Heritage Coalition）是一个非营利组织，作为管理实体直接对该遗产区进行管理，并与社区、组织和个人合作，致力于与亚伯拉罕・林肯国家遗产区的地方、州和国家合作伙伴合作，讲述林肯生活时代的优质故事，为游客提供高质量的体验，为社区提供经济创收机会并提高当地居民的生活质量。

国家公园管理局作为遗产区的管理合作伙伴，一般情况下会为遗产区的运营工作提供资金与技术上的援助，以帮助管理实体更好地运营与发展遗产区。

（二）资金来源

除了国会每年为遗产区所拨的资金，遗产区还通过社会捐赠来获取运营资金。寻找林肯遗产联盟建立了寻找林肯捐赠基金（Looking for Lincoln Endowment Fund），以通过获取社会捐赠来保护林肯遗产。个人与家庭可以选择通过遗嘱、信托、受益人指定或其他方式进行遗赠。

三、保护制度

寻找林肯遗产联盟采取了全面的方法来保护和保存遗产区内社区和周边的景观。

（一）社区保护计划

该联盟鼓励和支持林肯社区保护计划，该计划包括了制订当地资源调查与保护计划、历史保护委员会运作、历史区、保护条例以及其他可使用的保护手段。通过遗产区的合作伙伴与社区工作小组，鼓励社区和保护组织合作，为双方提供信息技术服务、培训计划、资金支持和宣传，以实现双方互利。

（二）与州和国家合作

寻找林肯遗产联盟与伊利诺伊州历史保护机构的保护服务部门密切协调并推广保护项目，促进项目实施，并合作提供技术援助。除此之外，该联盟还与州和国家的历史保护非营利组织密切合作，并不断加强以上组织与地方保护组织之间的关系。

（三）遗产区的景观和自然资源

寻找林肯遗产联盟对林肯时代相关的景观进行了清点，并评估保护工作会对这些景观造成的威胁。该联盟与各县和土地保护组织合作，开展景观保护、区域调查和教育项目，旨在让私营部门保护和维护历史村庄。

四、合作伙伴

亚伯拉罕·林肯国家遗产区是建立在合作伙伴关系的概念之上的。作为遗产区的管理实体，寻找林肯遗产联盟负责指导遗产区的工作。然而，作为一个整体，遗产区是一个由许多不同组织和实体组成的网络，通过实施管理计划中描述的项目，为共同的愿景做出贡献。

在管理规划过程中，寻找林肯遗产联盟组建了委员会、社区工作小组和咨询指导小组，以便做出更好的集体决定，确定优先事项，界定责任并进行工作。每个参与者都可以根据自己的兴趣、目标和能力，遵循合作设计的遗产地标准、指南和程序实施计划。

社区工作组是在当地合作伙伴之间建立合作的关键。合作伙伴可以单独参加项目，也可以作为当地社区工作组的一部分参加，或者两者兼有。这些社区工作组囊括了当地选民和利益相关者的贡献，包括政府和商业领袖、教育家、政府官员以及其他相关人员。

五、公园利用

（一）旅游利用

遗产旅游是遗产区设立的目的之一，也是遗产区为社区制定的经济振兴战略的一部分，将解说服务与游客体验相结合。无论游客在遗产区的何处，都会发现有趣的“林肯故事”。

遗产区的主要遗产旅游产品概念是“林肯的美国”，通过介绍遗产区的历史文化和故事吸引游客前来遗产区游览。遗产区会依靠当地的旅游组织以及伊利诺伊州旅游局来提高游客体验和遗产区营销。

（二）研学

亚伯拉罕·林肯国家遗产区的合作组织提供了许多成功的教育项目，主要集中在以下 5 个方面，分别是：K-12 教育项目、教师培训、丰富学生生活、吸引青年组织、为公众提供的教育项目。

第六节　国家步道系统——约翰·史密斯船长切萨皮克国家历史步道

一、基本情况

约翰·史密斯船长切萨皮克国家历史步道（Captain John Smith Chesapeake National Historic Trail）于 2006 年获得国会授权。该历史步道为前往切萨皮克湾的游客了解约翰·史密斯探险的意义，以及美国印第安城镇与文化提供了便利。此外，该步道还是美国第一条水上国家步道，游客可以前来欣赏美国最大的河口以及其自然景观。

2012 年，内政部部长肯·萨拉查（Ken Salazar）将这条步道延长了约 1368 公里，另外指定了 4 条水道作为步道的历史连接部分，分别是切斯特河、上南蒂科河、上詹姆斯河以及萨斯奎那河。

2016 年，一个非营利性保护基金在弗吉尼亚州格洛斯特县购买了的土地，其中包括被称为韦罗科莫科（Werowocomoco）的历史遗址，保护基金随后将这块遗址出售给了国家公园管理局，由国家公园管理局进行保护和管理。韦罗科莫科遗址是约克河上具有国际意义的文化和考古遗址，早在公元 1200 年，它就已经成为印第安人精神上的重要场所。

该步道的总部最初设在马里兰州的安纳波利斯，随后被迁至弗吉尼亚州，与殖民地国家历史公园（Colonial National Historic Park）共用同一个总部。

二、合作伙伴

与其他类型的国家公园单位不同，国家步道的长度一般较长，跨越不同省市，涉及不同的管辖区，这也导致国家步道单位通常都与许多机构或组织建立合作伙伴关系。约翰·史密斯船长切萨皮克国家历史步道有许多合作伙伴，它们帮助该公园单位服务整个区域内的游客，就历史保护相关事宜进行协商，并为后代保护自然景观。

切萨皮克保护协会（Chesapeake Conservancy）是该步道最主要的非营利性合作伙伴，他们以土地保护为重点，在国家公园管理局收购韦罗科莫科历史遗址的过程中发挥了重要的作用。同时，该组织还与其他机构合作，已经帮助国家公园管理局在该步道上创建了 153 个游客访问点。

切萨皮克湾项目（Chesapeake Bay Program）帮助国家公园管理局协调管理该步道，注重科学、修复与合作，为该步道整个流域的组织与机构提供海湾修复的资源。

“找到你的切萨皮克”组织（Find Your Chesapeake）也是国家公园管理局的协调管理伙伴，并且由国家公园管理局进行管理。它帮助游客寻找可以更好体验切萨皮克地区的地点，开展游客、保护和恢复计划，并根据相关计划与命令协调整个流域的公众访问和保护工作。

除了以上合作组织，该步道还与部落建立了合作伙伴关系，与弗吉尼亚州、马里兰州、特拉华州和其他地区的部落伙伴密切合作。弗吉尼亚州的印第安部落正在与国家公园管理局协商以确定韦罗科莫科历史遗址的管理计划。同时，国家公园管理局还与整个流域其他的部落合作完成了一系列的原住民文化景观研究。

由于步道流域较长，为了向游客提供不间断的设施与服务，该步道与沿途的游客中心、博物馆和公园同样建立了合作关系，无论游客处在该步道的哪一段，都有相应的游客设施供使用与参观。

三、捐赠机制和规划

（一）捐赠机制

约翰·史密斯船长切萨皮克国家历史步道与切萨皮克保护协会合作，国家公园管理局支持社会群体与个人通过向该协会捐赠来支持该步道的运营。社会群体可以通过访问该协会的官方网站在线上进行免税捐赠，捐赠类型包括资金捐赠、股票捐赠、不动产捐赠等。其中，不动产权益捐赠包括了土地、住宅、酒店、度假村与农场，可以帮助捐赠者免除售卖不动产产生的税款；在捐赠后，这些不动产将融入更大范围的保护景观中，被赋予生物多样性、文化和娱乐的主题。

（二）规划

1. 早期规划

在约翰·史密斯船长切萨皮克历史遗址被指定为国家历史步道前，国会在2006年7月授权对该遗址进行可行性研究及环境评估，目的是研究该遗址成为国家历史步道的可行性，是国家公园单位指定过程中的一个重要部分。在进行研究后，由国家公园管理局负责编写《可行性研究报告》，在出版前征求公众意见，成为遗址规划的基础。2006年12月19日，指定约翰·史密斯船长切萨皮克国家历史步道的立法被签署后，该历史遗址正式成为国家历史步道。

2. 综合管理计划

《国家步道体系法案》中规定了每条被指定的步道都需要制订综合管理计划，而《国家环境政策法》中要求步道需要进行环境评估。国家公园管理局在经过两年的公共规划过程后，于 2011 年 2 月完成了约翰·史密斯船长切萨皮克国家历史步道的综合管理计划以及环境评估，其中，包含了未来 20 年开发与管理该步道的计划、自然和文化资源潜在影响评估、该步道的重要地点与重要资源、游客体验开发、管理与实现目标的备选方案等。随着后续资金的到位，该计划将通过一系列 3~5 年的行动计划来实施。

3. 分段规划

鉴于约翰·史密斯船长切萨皮克国家历史步道的范围超过 3000 公里且资源十分多样，在综合管理计划确定后，步道需要通过分段来获得更好的发展与管理，分段规划的方法有助于国家公园管理局有效了解该步道每一段的当地资源、开发机会以及合作伙伴的能力。根据该步道官网，现有的分段规划将步道分为詹姆斯河段、波托马克河段、萨斯克哈纳河下段。

4. 保护战略

综合管理计划中要求该步道需要制定一项保护战略，以对步道沿线与游客体验相关的资源保护工作进行指导。在整个 2012 年，国家公园管理局与切萨皮克保护协会合作制定了保护战略。该战略定义了步道的优先保护区域，并提供了相关的保护手段，重点是抢救那些与游客体验和娱乐相关的区域。

5. 解说计划

作为步道规划过程的一部分，国家公园管理局为约翰·史密斯船长切萨皮克国家历史步道准备了一份解说计划。解说计划提供了与步道相关的解说、教育和娱乐机会的愿景，并定义了短期和长期目标，以便在游客和切萨皮克湾的资源之间建立联系。解释性计划是与切萨皮克湾门户、机构、部落、社区组织和其他机构合作下的产物，是一份包含参考信息的指导文件，小步道合作伙伴可以使用这些参考信息来开发步道沿线的游客体验项目。

三、公园利用

（一）旅游利用

约翰·史密斯船长切萨皮克国家历史步道在整个切萨皮克湾流域设置了四个游客中心，包含位于弗吉尼亚州沿海地区的詹姆斯敦游客中心、格洛斯特县游客中心、位于马里兰州东北部的苏尔坦纳教育基金会以及位于宾夕法尼亚州东南部的齐默尔曼遗产中心。

詹姆斯敦游客中心是四个游客中心的总部，游客在该处可以了解到詹姆斯敦殖民的历史故事。公园护林员将带领游客参观博物馆来了解这段历史，之后游客还可以自驾、步行或骑行俯瞰詹姆斯河的沼泽地。

格洛斯特县游客中心紧靠韦罗科莫科历史遗址，并在游客中心设置了韦罗科莫可遗址的相关展览，该遗址是当时原住民领袖与英国殖民者第一次会面的地点。在展览内，呈现了韦罗科莫科的视频以及印第安部落和遗址发展互动的时间表。除此之外，展览内还陈列了文物，游客可以通过触摸屏以 3D 视角观看这些文物。

在齐默尔曼遗产中心，游客可以参观博物馆展品、租赁船只游河、参观公园、进行徒步旅行和乘船活动，以及参与青年项目。

在苏尔坦纳教育基金会，游客可以进行划桨、参加钓鱼节，以及参加暑期的青少年活动。

（二）研学项目

约翰·史密斯船长切萨皮克国家历史步道的历史和故事为学生提供了学习历史、地理、社会研究、环境研究和许多其他学科的绝佳机会。在该步道的网站上为教师提供了在课堂内外使用的教学参考资料，内容为切萨皮克地区原住民的故事。同时还为教师提供了相关的课程计划，主题分别包含了原住民部落故事、历史上的切萨皮克湾，主要为小学与中学的课程使用。

除此之外，青少年还可以在该步道参与少年护林员计划以及与切萨皮克湾相关的活动，如切萨皮克湾瑜伽、缝制美国鳕鱼手工活动。

第七节 国家步道系统——刘易斯与克拉克国家历史步道

一、基本情况

刘易斯与克拉克国家历史步道长约 5955 公里，从伊利诺伊州的伍德河延伸到哥伦比亚河口，沿袭了刘易斯和克拉克远征队的历史出访和入境线路。这条国家历史步道连接了美国的 11 个州和许多部落土地。1978 年，该步道被确立为国家历史步道成为国家步道系统的一部分，同时也是最初的四个国家历史步道之一。今天，游客可以通过使用各种交通方式和解说服务探索步道并沿着远征队的线路游览。

二、合作伙伴

西部国家公园协会（Western National Park Association）是刘易斯与克拉克国家历史步道的合作伙伴，自 1938 年以来，该协会就一直与国家公园管理局合作，以促进步道的教育、解说、研究和社区参与。该协会在刘易斯与克拉克国家历史步道的总游客中心运营了一家书店，提供刘易斯与克拉克探险的真实历史故事。游客可以购买书籍和教育相关物品，以增强在刘易斯和克拉克步道上的体验，增加对国家遗产故事的了解。

三、志愿服务和规划

（一）志愿服务

任何有兴趣参与志愿者项目的人都可以成为志愿者，帮助纪念刘易斯和克拉克探险的遗产和奥马哈的历史，并加强当地社区公园管理局的运营，还有机会与国家公园管理局的工作人员和志愿者密切合作，并根据职位接受各种技能的培训。

目前，刘易斯与克拉克步道正在寻找志愿者来帮助步道进行游客运营、出版物管理和社交媒体运营。进行游客运营的志愿者需要口头告诉游客更多关于刘易斯和克拉克或国家公园相关服务的信息。进行出版物管理的志愿者需要帮助步道管理在步道总部储存的宣传手册，同时还需负责监督宣传册的邮寄和接收；此外，还需要帮助工作人员对所收集的关于土地、人民和历史的文献进行编目，将书目输入数据库，并跟踪与获得新书目。负责社交媒体运营的志愿者则会与步道的社交媒体团队合作，建立起步道与游客之间的联系。

（二）规划

1982 年，国家公园管理局与志愿者、非营利组织与个人为刘易斯和克拉克国家历史步道制订了综合管理计划，确立了关键的规划目标，包括管理战略、步道标志计划、实施重点以及路段和遗址认证程序。重要的游客和娱乐资源以及步道路段被确定为步道发展计划的一部分，并且绘制了一张详细的路段地图。该综合管理计划的实施代表了保护、使用和享受沿线游客和娱乐资源的最佳管理决策和做法。

目前为止，刘易斯与克拉克国家历史步道已经完成了三份规划文件，分别是《基础文件》《高潜力历史遗迹（西部）》《长期解说计划》。《基础文件》重点描述了该步道的使命及其成立原因，详细规划了步道的主要解说主题、基础资源及价值、关键支持性资源以及规划需求评估。《高潜力历史遗迹（西部）》则对刘易斯与克拉克步道的综合管理计划进行了增补。《长期解说计划》提出了新的解说主题，为步道的未来解说工作提供了内容与主题上的指导。

三、公园利用

（一）旅游利用

刘易斯与卡拉克国家历史步道跨度十分广，共穿越了 11 个州，游客可能需要花上几个月才能探索完整个步道，但一般来说，游客可以选择前往不同州区探索该步道的某一段。游客可以通过骑行、乘坐公交、滑雪等方式欣赏步道。同时，国家公园管理局在该步道的沿线设置了多个站点供游客参观，该步道的总游客中心位于内布拉斯加州。

在游客沿线游览该步道时，可以体验到由该步道工作人员提供的解说服务。解说服务有助于提升游客对历史资源的主题识别，同时也有助于加强公众的文化认同与遗产保护意识。国家公园管理局为刘易斯与克拉克国家历史步道制定了以下的解释主题，包括美国初期的成长与发展、对自然科学的观察与记录、历史上与现在的原住民、通过历史实现国家团结等。

（二）研学项目

在刘易斯与克拉克国家历史步道的官方网站，为教师提供了 3 种类别的课程计划，分别为“追踪”密码、刘易斯和克拉克探险队的生物群落与气候、刘易斯和克拉克远征的重要成员，主要为小学生介绍刘易斯和克拉克国家历史步道沿线的生物多样性、生物群落、气候以及探险队的重要成员。以上课程的相关地点不仅局限在该步道，同时也扩展到了步道沿线的部分国家公园单位，例如，刘易斯与克拉克国家历史公园、刀河印第安村国家历史遗址等。

表 7-1　研学课程计划类别表

课程名称	课程内容	等级范围
“追踪”密码	介绍刘易斯和克拉克国家历史步道沿线发现的动物的多样性，并将帮助学生了解我们可以从动物的生活和移动方式中学到什么	小学低年级：学前班至二年级
刘易斯和克拉克探险队的生物群落与气候	探讨刘易斯和克拉克探险队在探索北美内陆期间所经历的生物群落和气候	小学低年级：学前班至二年级
刘易斯和克拉克远征的重要成员	探索和了解刘易斯和克拉克探险队的重要成员和贡献者	小学高年级：三年级至五年级

除此之外，该步道还为青少年提供了少年护林员项目，儿童与青少年可以通过线下与线上的活动获得少年护林员徽章。获得徽章的条件是需要制作一本

活动手册，该手册将引导青少年找出该活动点对刘易斯与克拉克探险故事的重要性。在制作活动手册的过程中，参与者将了解原住民土地以及探险队成员的不同背景与技能。

参考文献

［1］郭娜，蔡君．美国国家公园合作志愿者计划管理探讨——以约塞米蒂国家公园为例［J］．北京林业大学学报（社会科学版），2017，16（4）：27-33.

［2］刘海龙，杨冬冬，孙媛．美国国家公园体系规划与评估——以历史类型为例［J］．中国园林，2019，35（05）：34-39.

［3］唐孝辉．我国自然资源保护地役权制度构建［D］．吉林大学，2014.

［4］魏钰，何思源，雷光春，苏杨．保护地役权对中国国家公园统一管理的启示——基于美国经验［J］．北京林业大学学报（社会科学版），2019，18（01）：70-79.

［5］吴健，王菲菲，余丹，胡蕾．美国国家公园特许经营制度对我国的启示［J］．环境保护，2018，46（24）：69-73.

［6］杨建美．美国国家公园立法体系研究［J］．曲靖师范学院学报，2011，30（04）：104-108.

［7］杨锐．美国国家公园的立法和执法［J］．中国园林，2003（05）：64-67.

［8］张海霞，汪宇明．旅游发展价值取向与制度变革：美国国家公园体系的启示［J］．长江流域资源与环境，2009，18（08）：738-744.

［9］张利明．美国国家公园资金保障机制概述——以 2019 财年预算草案为例［J］．林业经济，2018，40（07）：71-75.

［10］张宁，余露．美国保护地役权实践经验及启示［J］．世界农业，2023（01）：57-65.

［11］Congress of the United States. Browse by Congress［EB/OL］. https：//www.congress.gov/，2023-05-09.

［12］CyArk. Projects［EB/OL］. https：//www.cyark.org/，2023-05-09.

［13］Library of Congress. United States Statutes at Large［EB/OL］. https：//www.loc.gov/，2023-05-09.

［14］National Park Service. Official website of National Park Service［EB/OL］. https：//www.nationalparks.org/，2023-05-09.

［15］Office of Law Revision Counsel. United States Code［EB/OL］. https：//uscode.house.gov/，2023-05-09.

［16］Oklahoma City National Memorial Museum. Essay Contest［EB/OL］. https：//memorialmuseum.com/，2023-05-09.

［17］The Electronic Code of Federal Regulations. Code of Federal Regulations［EB/OL］. https：//www.ecfr.gov/，2023-05-09.

［18］The Oklahoma City Memorial Marathon. The Run to Remember［EB/OL］. https：//okcmarathon.com/，2023-05-09.

［19］The Student Conservation Association. About us［EB/OL］. https：//thesca.org/，2023-05-09.

［20］UC Santa Barbara. The American Presidency Project［EB/OL］. https：//www.presidency.ucsb.edu/，2023-05-09.

［21］U.S. Government Publishing Office. Discover U.S. Government Information［EB/OL］. https：//www.govinfo.gov/，2023-05-09.

［22］Elizabeth Byers& Karin Marchetti Ponte. The Conservation Easement Handbook（sec-ond edition）［M］. Washington D. C.：Land Trust Alliance，2005.

后　记

我涉足国家文化公园的研究始于2019年，当时“中国旅游报”龚老师向我约了两篇国家文化公园的主题评论文章，由此切入了这个全新的研究领域。2019年12月，中共中央办公厅、国务院办公厅正式印发《长城、大运河、长征国家文化公园建设方案》，学术界对国家文化公园的研究不断升温。2020年，我有幸参与了邹统钎教授主持的2020年度国家社科基金艺术学重大项目“国家文化公园政策的国际比较研究（20ZD02）”，并担任了“子课题3”的主持人。2021年，我申请获批了国家社科基金艺术学一般项目“国家文化公园遗产保护与旅游利用的协调机制研究（21BH157）”；2023年，我申请获批了北京市社科基金决策咨询重点项目“北京大运河国家文化公园主体功能区建设研究（23JCB012）”，围绕国家文化公园的研究持续深入。

国家文化公园是中国首创的概念，国外多使用国家公园这一名称。美国作为国家公园的开创者，于1872年建立了世界上第一个国家公园——黄石国家公园，成为国家公园体系建设的先驱。美国国家公园在建设中，很早就关注到了文化遗产在国家公园体系建设中的重要作用，在1906年设立了首个保护印第安人文化遗迹的弗德台地国家公园，开启国家公园保护文化遗产的先河。此后，文化类别的国家公园在美国国家公园体系中不断壮大。截至目前，美国国家公园的20个类别中，共有9类属于文化类国家公园。

中国国家文化公园的建设刚刚开始，研究美国文化类国家公园在遗产保护、管理、利用、社会参与等方面的经验，可以为我国国家文化公园建设提供一定的参考和借鉴。

本书由吴丽云和牛楚仪共同编著。由吴丽云拟定大纲，并对所有内容统一修订。由牛楚仪统稿。各章人员参与情况如下：第一章，李芷娴，牛楚仪；第二章，于鑫铭；第三章，杨文硕，牛楚仪；第四章，牛楚仪；第五章，周宇轩；第六章，郑淘予，屈伊然，牛楚仪；第七章，牛楚仪，屈伊然，刘耘诗。

由于时间有限，书中难免有疏漏和不足，还请广大读者、专家学者批评指正。

吴丽云

2024 年 2 月 29 日于双榆树

项目策划： 段向民
责任编辑： 沙玲玲
责任印制： 钱　宬
封面设计： 武爱听

图书在版编目（CIP）数据

美国文化类国家公园管理制度研究 / 吴丽云，牛楚仪编著. -- 北京 ： 中国旅游出版社，2024.6 -- ISBN 978-7-5032-7343-8

Ⅰ. S759.997.12

中国国家版本馆CIP数据核字第202405ZG19号

书　　名： 美国文化类国家公园管理制度研究

作　　者： 吴丽云　牛楚仪
出版发行： 中国旅游出版社
（北京静安东里 6 号　邮编：100028）
http://www.cttp.net.cn　E-mail:cttp@mct.gov.cn
营销中心电话：010-57377103，010-57377106
读者服务部电话：010-57377107
排　　版： 北京旅教文化传播有限公司
经　　销： 全国各地新华书店
印　　刷： 三河市灵山芝兰印刷有限公司
版　　次： 2024 年 6 月第 1 版　2024 年 6 月第 1 次印刷
开　　本： 720 毫米 ×970 毫米　1/16
印　　张： 12.5
字　　数： 199 千
定　　价： 49.80 元
I S B N　978-7-5032-7343-8
